FURNITURE DESIGN AND SOFT FURNISHINGS COLLOCATION

U0557347

职业教育艺术设计类课程规划教材

家具设计
与软装搭配

魏 娜 主 编

任嘉利 李 薇 柏 清 副主编

大连理工大学出版社

图书在版编目(CIP)数据

家具设计与软装搭配 / 魏娜主编 . -- 大连：大连
理工大学出版社，2022.9（2024.2 重印）
ISBN 978-7-5685-3924-1

Ⅰ . ①家… Ⅱ . ①魏… Ⅲ . ①家具—设计②住宅—室
内装饰设计 Ⅳ . ① TS664.01 ② TU241

中国版本图书馆 CIP 数据核字 (2022) 第 160854 号

大连理工大学出版社出版

地址：大连市软件园路80号   邮政编码：116023
发行：0411-84708842   邮购：0411-84708943   传真：0411-84701466
E-mail：dutp@dutp.cn   URL：https://www.dutp.cn
大连天骄彩色印刷有限公司印刷   大连理工大学出版社发行

幅面尺寸：240mm×225mm   印张：18   字数：356千字
2022年9月第1版   2024年2月第3次印刷

责任编辑：马　双   责任校对：周雪姣
                    封面设计：对岸书影

ISBN 978-7-5685-3924-1   定　价：65.00 元

前言
Preface

　　"家具设计与软装搭配"在建筑室内设计专业课程体系中位于职业能力培养模块，本教材为"家具设计与软装搭配"模块化课程配套教材。为了实现"以行为为导向、以能力为本位、以学生为中心"的目标，教材在编制过程中依据家具设计与软装搭配的工作流程，采用案例教学法，以"引导、任务驱动"的方式编写，以够用、实用、操作性强为原则，力求文字简练、内容充实、图文并茂，突出实用性和指导性，融"教、学、作、评、思政"为一体。

　　家具设计与软装搭配是室内装饰设计师工作流程中的重要一环，本教材引导学生辨识和应用家具设计与软装搭配的原理、法则、表现的理论和各种技法，进而获得现代家具设计与软装搭配项目的方案设计能力。指导学生全面、系统地掌握设计方法，能够独立或者团队完成整套项目的设计。

　　本教材主要服务于在校生、同专业教师、行业参培人员、社会学习者四类人群，指导在校生进行软装设计、家具设计岗位实习或考取职业等级证书。对由行业转入的同行，可以使其明白什么是"学生主体""能力本位"，将项目经验转化为教学设计；对缺乏一定项目经验的同行，可以使其更加明确工作流程及岗位技能。对于行业参培人员，使其能够按照软装设计师、定制家具设计师的岗位能力要求，掌握最基本的项目设计及实施操作技能。同时，能够为社会学习者提供最基本的室内软装产品选配和定制家具收纳规划的指导。

　　本教材配套精品资源共享课程，提供思政案例、微课视频、教案、课程大纲、教学手册、考核方案、项目案例等资源，我们会根据软装市场需求及时更新共享课程内容。可以通过扫描二维

码进入在线课程，还可以在学习通平台上通过班级邀请码 96314360 进入在线课程。

本教材由四川长江职业学院魏娜任主编，四川长江职业学院任嘉利、李薇、柏清任副主编，四川邮电职业技术学院孟川杰，四川文化传媒职业学院于兴财、沈迭，四川国际标榜职业学院陈小红，四川长江职业学院任宇翔、马兆梅任参编，成都室美人和科技有限公司设计总监钟颖为本教材提供了高品质的项目案例，对教材的编写提出了许多宝贵的意见，并参与了部分内容的编写。

对在本教材的编写过程中给予编者大力支持的四川长江职业学院张鸿翔教授，龚长兰教授，李争、王雨婷、尹凤霞副教授表示衷心的感谢。

由于时间仓促，编者水平有限，书中难免有不足之处，望广大读者批评指正。

编　者

2022 年 9 月

所有意见和建议请发往：dutpgz@163.com

欢迎访问职教数字化服务平台：https://www.dutp.cn/sve/

联系电话：0411-84706671　0411-84707492

家具设计与软装搭配

2

目录
Contents

01 单元
软装搭配设计工作流程

引言

　　软装搭配设计是相对于建筑本身的硬结构空间设计而提出来的，是建筑视觉空间的延伸和发展，同时也是赋予居住环境生机与精神价值的手段和方式。近几年来，全国各地开始陆续出台精装房的相关政策条例，也就是说，毛坯房交付的时代将逐步退出房地产市场。精装房在交付时基本已完成硬装施工，所以后期主要是通过软装设计完成入住前的装饰。了解软装搭配设计工作的内容、流程与能力要求，努力投身工作中，才能获得顾客的信赖，完成设计任务。

　　接下来就让我们一同来学习软装搭配设计工作流程内容。

定义

　　合同：是双方沟通以后规范化执行的一种公平而又严谨的文书，对于整个项目的最终落实至关重要。

　　现代软装设计：是指在硬装结束后，通过家具与装饰品的摆放，对室内空间进行再次设计装饰。

学习目标

1. 能够用自己的语言、思维方式分析及评价软装搭配设计项目来源，编写项目任务书和项目合同书。
2. 能够对软装搭配项目工作流程进行分析，编写软装项目进程表。
3. 能够对软装搭配项目采购和摆场流程进行分析和评价，以及提出更有成效、更让客户满意的工作流程。

任务一

编写项目任务书、合同书

通过调查，能够用自己的语言、思维方式分析及评价软装搭配设计项目来源，编写项目任务书和项目合同书。

一、软装搭配设计项目

1. 项目形成

软装搭配设计的项目来源，有公共商业空间的定期更新维护项目，其中酒店陈设等业务量相对较大；有专门作为室内设计后期独立的软装搭配设计项目，包括住宅客户委托的设计；也有受房地产开发商委托的陈设项目，其中包括样板房，这些构成了软装搭配设计项目来源的绝大部分。软装搭配设计项目的获取除了以公司名义，也可能是设计师参与的一些成功的项目而带来的后续项目，所以每一件作品对设计师来说既是挑战也是机会。

2. 设计依据

规范的软装搭配设计项目应该有明确的任务书，这是设计师最初的设计依据，也是保证设计从一开始就能沿着甲方意图展开的关键。任务书会涉及整个软装搭配设计项目的各个方面，如项目概况、设计要求、最后成果，包括采购清单等细节。甲方的目的性越清晰，软装搭配设计的方向感就越强。甲方的非专业性，使得他们内心的想法与设计师不同，甚至相悖，这些可以通过沟通予以解决。有了项目任务书，该讨论的问题能尽早地进行，比起口头交代的模糊性和不确定性，可以消除不必要的隔阂和减少由此产生的多余劳动。大型设计项目中每次沟通都要有记录，最初的任务书随之修正实属正常。

为方便起见，设计方会提供任务书样式给委托方填写，这在居家软装项目中较常见。非居住类软装项目的软装任务书由甲方拟定，也有在双方洽谈中以会议纪要方式形成的文书。

软装搭配设计项目设计任务书

一、项目概况

1. 项目名称：_____ 项目地点：_____ 2. 项目类别：_____ 项目面积：_____
3. 甲方执行负责人：_____ 联系电话：_____ 4. 乙方设计负责人：_____ 联系电话：_____
5. 硬装设计负责人：_____ 联系电话：_____

二、设计要求

客户宗教信仰：_____

1. 内容和范围：□家具 □灯饰 □布艺 □饰品 □花艺 □画品 □其他

2. 客户的年龄：_____岁；客户的职业：_____；客户的爱好：_____

3. 孩子的年龄：_____岁

4. 客户选择餐桌形状：□圆形 □方形 □长方形

5. 客户计划软装的费用：_____万元；费用比重：家具_____，饰品_____

6. 设计定位

情景主题：整体项目主题：_____

　　　　　具体空间主题：_____

风格定位：□新中式 □东南亚 □现代简约 □欧式古典 □地中海 □其他_____

三、设计进度计划

（一）设计进度计划书

　　1. 提供概念设计成果时间 _____年 _____月 _____日

　　2. 提供方案设计成果时间 _____年 _____月 _____日

　　3. 提供材料样板时间（家具、布料及木饰面板）_____年 _____月 _____日

　　4. 提供家具白胚完成时间 _____年 _____月 _____日

（二）设计成果

　　1. 初步设计概念图册

　　（1）人物背景、爱好设定（如男女主人的职业、爱好等）（　　　　）

　　（2）主题设定、故事情节创意（故事情节要展现到每个空间）（　　　　）

　　（3）优化平面布置图（　　　　）　　　　（4）配色方案确定（　　　　）

　　（5）家具、布料及木饰样板（　　　　）　　　（6）家具、灯具等方案配彩图（　　　　）

2.深化设计图，落实采购清单

（1）家具清单：_____ （2）灯具清单：_____

（3）花艺清单：_____ （4）窗帘清单：_____

（5）饰品清单：_____ （6）床品清单：_____

（7）地毯清单：_____ （8）挂画清单：_____

（9）其他：_____

3. 软装搭配设计项目合同

　　拟定合同要从软装搭配设计的项目执行考虑，避免一切可能出现的争议和纠纷。合同中通常包含工程地点，项目名称，工程内容，工期，费用，给付方式，货物接受与摆放过程，甲、乙双方责任与权利，质量的保证与验收等关键项。甲、乙双方也可以以《意向协议书》等方式签约。

软装搭配设计项目《意向（设计／认购）协议书》

甲方：_____ 先生／小姐（以下简称"甲方"）联系电话：_____

乙方：××××软装搭配设计公司（以下简称"乙方"）

联系地址：_____

代表人：_____ 联系电话：_____

甲、乙双方本着公平、友好协商的原则，就乙方的整体软装配置及款项支付方式的相关权利和义务达成以下协议。

一、项目情况

项目名称：_____

项目地址：_____

建筑面积：_____ 平方米

二、甲、乙双方自愿就以上项目按照××××软装搭配设计公司家居软装产品销售达成本协议，本协议只限于作为认购意向金的双方法律约束条件。

三、甲方以约_____元／平方米的价格，认购乙方的软装（和设计）产品，交付标准以双方认可的软装产品配置单为准。

四、甲方在确定设计（或购买）意向后，双方签订本协议，并向乙方支付意向金：□全案软装 10 000 元　□基本软装 5 000 元（大写_____元整）。

五、设计费说明（支付设计费首款或意向金，可二选一）

××××软装设计服务

□设计总监：_____ 元／平方米；□首席设计师：_____ 元／平方米；

□主任设计师：_____ 元／平方米；含硬装设计的设计费另计。

产品包括：□家具 □灯具 □窗帘 □布艺 □地毯 □壁饰 □装饰品

费用支付方式：设计费总额_____ 元。

合约签订付首款 60% 为_____ 元；交稿完成尾款 40% 为_____ 元。

注：收费设计类提供全套咨询、全套设计与效果图（设计总监约定 3 张，首席设计师约定 2 张，主任设计师约定 1 张，此外每增加一张额外收取_____ 元）全套报价。

六、甲方在签订购买软装合同前，乙方必须提供一份完整的产品配置、型号、规格、数量清单，由甲方确认后成为合同附件，与合同同步生效，竣工按配量单验收。

七、意向金支付方式与限制条件

1. 甲方所支付的意向金以人民币形式结算，在结算过程中由乙方配合甲方办理相关事宜。

2. 甲方所付意向金是向乙方表示对双方确定的精装产品的风格、价格因素的认同，并愿意在非客观因素（指国家政策限制）影响下能达成最终买卖关系的购买诚意。

3. 若因国家政策限制，并通过双方努力后确定仍无法达成购买的情况下，甲方可向乙方退回所付意向金，并办理相关手续。除此以外，乙方所收取意向金不予退还。

八、双方权利和义务

1. 乙方在签订本协议（收到甲方相应款项）后，不得以任何理由涨价和降低产品质量标准。

2. 甲方在签订本协议后，应严格履行协议中各项权利与义务。

九、乙方对协议有最终解释权。有协议未尽事宜，需经双方协商解决。

十、其他约定：

本协议一式两份，甲、乙双方各执一份，自双方签订之日起正式生效。

甲方（购买方）：

代表人签字：

乙方：××××软装搭配设计公司

代表人签字：

日期： 年 月 日

任务二

学习软装搭配项目工作流程

通过查阅资料，能够对"软装搭配项目工作流程"进行分析，编写软装项目进程表。

一、软装设计环节工作流程

在进行软装设计时，不能只考虑视觉上的美观度，还要考虑空间的实用性以及生活场景的营造。在设计过程中，设计师要做的是对生活场景的还原，而不是再创造。通过营造有生活气息、有温度感的场景，让室内空间有温度、有属性。

1. 编写软装搭配项目进程表（图 1-1）

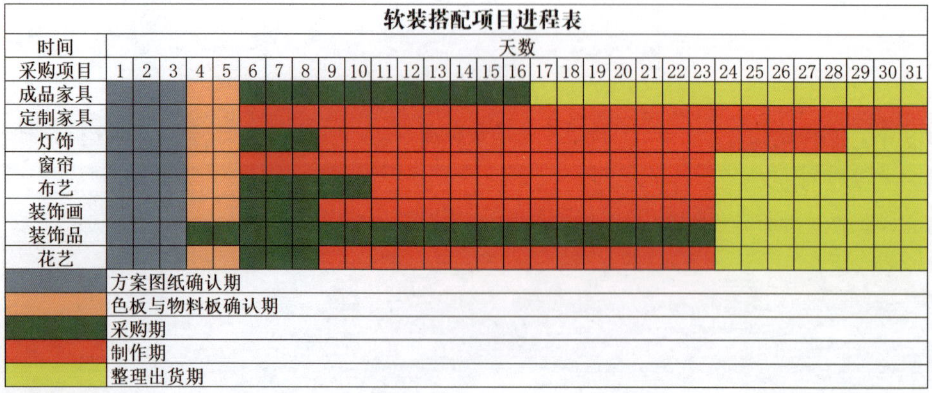

时间	天数																															
采购项目	1	2	3	4	5	6	7	8	9	10	11	12	13	14	15	16	17	18	19	20	21	22	23	24	25	26	27	28	29	30	31
成品家具																															
定制家具																															
灯饰																															
窗帘																															
布艺																															
装饰画																															
装饰品																															
花艺																															

图例：
- 方案图纸确认期
- 色板与物料板确认期
- 采购期
- 制作期
- 整理出货期

图 1-1

2. 首次空间测量

进行软装设计的第一步，是对空间进行测量，只有了解基础硬装，对空间的各个部分进行精确的尺寸测量，并画出平面图，才能进一步展开其他的装饰工作。为了使今后的软装工作更为顺利，对空间的测量应当尽量保证准确。

3. 与客户进行风格和细节的沟通

在探讨过程中要尽量多与客户沟通，了解客户喜欢的软装风格，准确把握软装的方向。尤其是涉及家具、布艺、饰品等细节元素，特别需要与客户进行细致的沟通。这一步骤主要是为了使软装设计元素的搭配效果既与硬装的风格相适应，又能满足客户的特殊需要。

4. 初步构思软装方案

在与客户进行深入沟通交流之后，可以确定室内软装设计初步方案。初步选择合适的软装配饰，如家具、灯饰、挂画、饰品、花艺等。

5. 完成二次空间测量

在软装设计方案初步成型后，就要进行第二次的空间测量。由于已经基本确定了软装设计方案，第二次的测量要比第一次更加仔细精确。软装设计师应对室内环境和软装设计方案初稿进行反复考量，反复感受现场的合理性，对细节问题进行确认，并全面核实饰品尺寸。

6. 制订软装方案

初步软装方案达到客户初步认可后，进一步对软装产品进行调整，并明确方案中各项软装配饰的价格及组合效果，按照设计流程进行方案制作，制订正式的软装整体设计方案。

7. 讲解软装方案

为客户系统全面地介绍完整的软装方案，并在介绍过程中听取和反馈客户的意见，并征求所有家庭成员的意见，以便对方案进行下一步的调整。

8. 调整软装方案

在与客户进行方案讲解后，在确保客户了解软装方案的设计意图后，软装设计师也应针对客户反馈的意见对方案进行调整，包括软装整体配饰的元素调整与价格调整。

9. 确定软装配饰

一般来说，家具占软装产品比重的 60%，布艺类占 20%，其余的如装饰画、花艺、摆件以及小饰品等共占 20%。与客户签订采买合同之前，先与软装配饰厂商核定价格及存货，再与客户确定配饰。

10. 签订软装设计合同

与客户签订合同，尤其是定制家具部分，确定定制的价格和时间。确保厂家制作、发货的时间和到货时间，保障室内软装设计的整体进度。

11. 进场前的产品复查

软装设计师要在家具未上漆之前到工厂验货，对材质、工艺进行初步验收和把关。在家具即将出厂或送到现场时，设计师要再次对现场空间进行复尺（安装前再次核对产品与现场尺寸，确保安装的顺利进行）。

12. 进场后的安装摆放

配饰产品进入场地后，软装设计师应参与摆放，对于软装整体配饰里所有元素的组合摆放要充分考虑元素之间的关系以及客户的生活习惯。

13. 做好后期服务

软装配置完成后，应做好后期的服务，包括保洁、回访跟踪、保修勘察及送修。

二、软装摆场步骤

摆场是软装设计的最后一个环节，是将设计方案用实际物品呈现出来的过程，其顺序有严格的要求，并且事先要精心的准备。软装物件摆放位置的不同，会带来不一样的装饰效果。因此，合理的布置家具、灯具以及工艺饰品等软装元素，对于营造室内氛围有着十分重要的作用。此外，还要处理好软装配饰与空间的关系，以营造更为舒适的室内环境为准则，让配饰与设计在室内空间中得以更好的展示。

1. 保护现场

到了需要摆放和装饰的场地以后，应在进场前做好保护措施，提前准备好手套、鞋套、保护地面的防护膜等。

2. 安装灯饰

灯具是摆场最先安装的，因为灯具的安装需要用到一些专业工具，在安装的过程中会产生灰尘，另外有时会遇到超高的层高，安装人员需要借用硬装施工的脚手架。如果灯具总重量大于 3 千克，需要预埋吊筋。

3. 安装窗帘

窗帘由帘杆、帘体、配件三部分组成。在安装窗帘的时候，要考虑到窗户两侧是否有足够放置窗帘的位置。如果窗户旁边有衣柜等大型家具，则不宜安装侧分窗帘。窗帘挂上去后需要进行调试，看能否拉合以及高度是否合适。

4. 摆设家具

待灯具以及窗帘安装完毕后，就可以进行家具的摆设了。像沙发、餐桌、茶几、床这类家具首先需要按照不同区域进行归位，然后进行摆放和安装。这部分工作也可以和窗帘的安装交叉进行。摆设家具时，一定要做到一步到位，特别是一些组装家具，过多的拆装会对家具造成一定的损坏。

5. 悬挂装饰画

家具摆好后，就可以确定挂画的准确位置，装饰画的数量贵精不贵多，而且装饰画悬挂的位置必须适当，应选择墙面较为开阔、引人注目的地方，如沙发后的背景墙以及正对着门的墙面等，切忌在不显眼的角落和阴影处悬挂装饰画。

6. 摆设装饰品

装饰品不仅是营造空间氛围的点睛之笔，还能体现使用者的品位。装饰品的陈设多种多样，可以根据空间格局以及使用者的个人喜好进行搭配设计。

7. 铺设地毯

在铺设地毯之前，空间内的装饰以及软装摆场必须全部完成。根据地毯铺设面积的不同可以分为全铺与局部铺，如果是大面积的全铺，应先将地毯铺好，然后将保护地毯的防护膜铺到上面，避免弄脏地毯。

8. 细微调整

所有软装摆场都完成后，需要根据整体软装呈现出的装饰效果进行细微的调整，让空间布局更加合理、细致。如果家具、装饰品的摆放角度及位置有更好的选择，可以在不影响整体布局的情况下进行适当的调整。

三、软装搭配方案设计模板

1. 封面设计

封面是软装设计方案给甲方的第一印象，是非常重要的，封面的内容除了标明"××××软装设计方案"外，整个排版要注重设计主题的营造，选择的图片清晰度要高，内容要和主题吻合，让客户从封面中就能感觉到这套方案的大概方向，从而产生兴趣。如图1-2所示。

图 1-2

2. 目录索引

目录索引是实际要展示内容的概括，要根据逻辑顺序列举清楚，可以简单地配图点缀，但图的面积不要太大。如图1-3所示。

图1-3

3. 客户信息

客户信息需要描述清楚客户的家庭成员、工作背景和爱好需求，再通过这些信息了解客户对使用空间的真正设计需求。如图1-4所示。

图1-4

图 1-5

4. 平面布置图

软装设计的平面布置图要清晰完整，可以去除多余的辅助线，尽量让画面看起来简洁、清爽。如图 1-5 所示。

5. 表达设计理念

设计理念是贯穿整个软装工程的灵魂，是设计师表达给客户"设计什么"的概念，所以在这页要通过精练的文字表达清楚自己的思想。如图 1-6 所示。

图 1-6

6. 风格定位

一般软装的设计风格基本都延续硬装的风格，虽然软装有可能会区别于硬装，但是一个空间不可能完全把两者割裂开来，更好地协调两者才是客户最认可的方式。如图 1–7 所示。

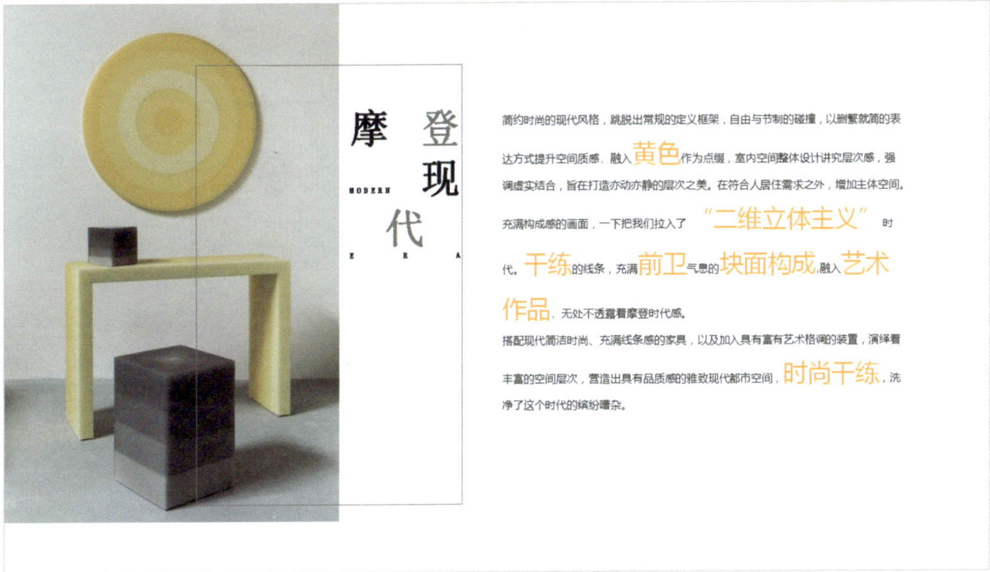
摩登现代
MODERN ERA
简约时尚的现代风格，跳脱出常规的定义框架，自由与节制的碰撞，以删繁就简的表达方式提升空间质感，融入黄色作为点缀，室内空间整体设计讲究层次感，强调虚实结合，旨在打造亦动亦静的层次之美。在符合人居住需求之外，增加主体空间。
充满构成感的画面，一下把我们拉入了“二维立体主义”时代。干练的线条，充满前卫气息的块面构成,融入艺术作品，无处不透露着摩登时代感。
搭配现代简洁时尚、充满线条感的家具，以及加入具有富有艺术格调的装置，演绎着丰富的空间层次，营造出具有品质感的雅致现代都市空间，时尚干练，洗净了这个时代的缤纷嘈杂。

图 1-7

7. 色彩与材质定位

设计风格定位之后，就要考虑空间色系和材质定位。运用色彩给人的不同心理感受进行规划，定位空间材质找到符合其独特气质的调性，并用简洁的语言表述细分后的色彩和材质的格调走向。如图 1–8 所示。

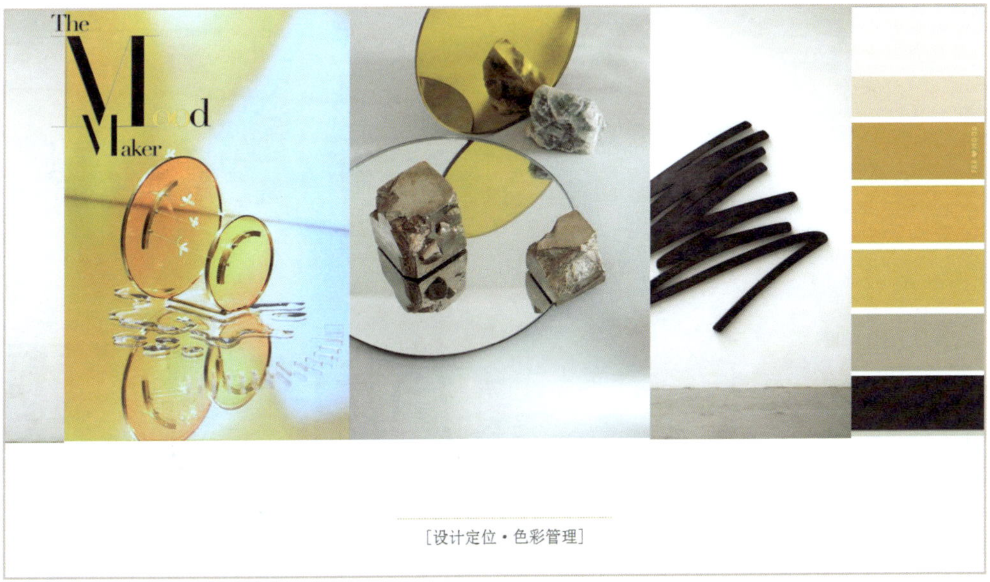
The Mood Maker
[设计定位・色彩管理]

图 1-8

8. 软装方案

　　根据平面图按不同功能空间搭配出合适的软装产品，包括家具、灯饰、饰品、地毯等，方案排版需尽量生动、符合风格调性，这样更有说服力。如图 1-9、图 1-10 所示。

[客厅·软装方案]

图 1-9

9. 单品明细

　　将方案中展示出的家具、灯饰、饰品等重要的软装产品的详细信息罗列出来，包括名称、数量、品牌、尺寸等，图片排列整齐，文字大小统一。

[餐厅·软装方案]

图 1-10

10. 结束语

封底是最后的致谢表达礼仪，版面应尽量简洁，让人感受到真诚，风格和封面呼应，加深观看者的印象。如图1-11所示。

图 1-11

四、项目预算报价

一份全面的软装报价单可以让各产品的价格一目了然，同时也便于明确双方的责任。一份报价单应包括封面、预算说明、产品核价单、分项报价单、项目汇总表等内容。预算完成后，报价单的编制也就水到渠成了。当然在真正的项目开始实施后，变更联系单、验收单等也会成为完整合约的组成部分。

1. 产品核价单

产品核价单是指设计师根据软装方案细化的产品列表清单，这个表格内要详细注明项目位置、序号、所报产品名称、图片、规格、数量、单价、总价、材质以及必要的备注，任何一个细节的缺失都有可能造成报价的不准确，而且会给此后各项步骤留下非常多的隐患。同时需要分别制作家具、灯饰、窗帘、床品、地毯、装饰画、花艺、装饰品等表格，原则是根据不同的供应商制作有针对性的核价单，制作好以后就可以发给相应的合作商确定产品的底价。

2. 分项报价单

经过分项核价后，基本上可以把各项目的成本价格核算清楚，剩下要做的是制作利润合理的分项报价单，分项报价单基本上是在产品核价单的基础上进行的，见表1-1。在编制分项报价清单的时候，要注意

表1-1　分项报价单

产品	尺寸/mm	图例	价格/元
床	1 500x2 000		2 299
书架	1 400x600x1 810		2 700
地毯	1 800x1 800		750
床头柜	450x400x400		599x2
吸顶灯	570x570x50		465
衣柜	1 910x600x1 200		2 920
台灯	300x150		250

根据产品实际情况进行材质、颜色、尺寸、备注等项目的调整，一般这个时候的报价单上注明的一切都是作为软装设计机构对客户的承诺，所以要特别细致地做好这项工作，尤其要注意的是大件产品的运费一定要计入成本核算。

3. 项目汇总表

在各分项报价完成后就要制作一份由家具、灯饰、窗帘、床品、地毯、装饰画、花艺、装饰品等各分项报价单组成的项目汇总表，在项目汇总表中，可以很清楚地看到每个分项所需要花费的价钱和该分项占整个软装项目的比例，能让软装设计师和客户对项目的重点有非常清晰的认知。同时在这个表格中必须明确各个注意事项和责任，其中供货周期也是必不可少的内容，见表1-2。

表1-2　项目汇总表

分项	价格/元	运输费/元	安装费/元	税金(13%)	小计	占比
家具	322 000	10 000	8 000	44 200	384 200	48.8%
灯具	129 050	4 000	8 000	18 336	159 386	20.3%
饰品	153 812	8 500	3 000	21 490	186 802	23.7%
地毯	9 600	2 000	800	1 612	14 012	1.8%
装饰画	25 050	3 200	1 800	3 906	33 956	4.3%
窗帘	7 980	0	0	1 037	9017	1.1%
小计					787 373	

注：供货周期：家具（45日）、灯具（30日）、饰品（20日）、地毯（20日）、装饰画（15日）、窗帘（10日）

注意事项和责任：对产品的数量、规格、型号有疑义或后期需要改动的，请在产品的供货周期外以联系单形式通知我方

任务三
学习软装搭配项目采购流程

通过查阅资料，能够对"软装搭配项目采购流程"进行分析和评价，以及提出更有成效、更让客户满意的工作流程。

软装物品的种类繁多，在采购前应该对其进行分类，然后按照分类进行采购。一般采购的物品包含：家具、灯饰、窗帘、地毯、床品、装饰画、花艺、装饰品。正确的采购顺序是先购买家具，再购买灯饰和窗帘、地毯、床品，最后购买装饰画、装饰品、花艺等，如图1-12所示。由于家具制作工期较长，布艺、灯饰次之，因此按顺序下单后，可以利用等待制作的时间去采购其他装饰品。有条不紊地进行采购，能在很大程度上提升软装设计的效率。

采购顺序　定制家具 成品家具　灯饰 窗帘　地毯 床品　装饰画 装饰品　花艺

图 1-12

1. 家具采购

在整个软装项目中，花费最高的通常是家具部分，所以家具的采购是非常关键的环节。市场出售的成品家具适合大众户型，如果户型结构比较独特，也可以选择定制家具，不仅能满足不同空间的尺寸需求，还能更好地表现家居设计的个性。通常，工程类客户一般都会选择定制类家具，一些商业客户会选择进口品牌家具，而家居类的客户则比较中意国内各大家具卖场的品牌家具。

①采购纯进口家具

进口家具因为要从海外运来，所以货期一般都在2个月以上，有些畅销产品甚至要等半年以上，因此在采购此类家具时，一定要留好足够的时间。

②采购国产品牌家具

近几年家具业的发展突飞猛进，涌现出许多优秀的国产品牌，各大城市也都出现了大型的专业家具卖场。此类家具选择余地大，但基本上都是按空间来规划的成套的大批量生产的家具，想采购到非常有个性和独特的家具则比较困难。

③采购定制家具

定制家具的模式非常适合工程类客户，如售楼处、样板间、酒店、会所等，制作灵活，工期短。家具定制需要注意工作流程。

2. 灯饰采购

灯饰的采购基本有两种方式：一种是按图样定制，另一种是直接选样采购。在整个灯饰采购过程中，需要对款式、材质和工期进行严格选择和控制。定制灯饰在设计上必须和项目空间非常协调，因为定制灯饰具有单一性，只此一件，如果因为款式问题不能使用，会造成很大的浪费和损失。下单时一定要核实清楚材质，看上去效果差不多的材料，实际价格相差甚远，比如水晶就有进口、国产 A 级、普通水晶等很多种，在采购过程中一定要和供应商确认清楚用的是哪种材料。灯饰的制作工期相对较长，一般下单家具后，就要下单灯饰部分了。

3. 布艺采购

窗帘、地毯、床品等布艺的采购是整个软装过程中非常重要的环节。目前的软装设计公司一般通过定制和成品采购两种方式解决布艺采购的问题。布艺比如窗帘、床品等的加工正常情况下需要 10~20 天能够完成。

4. 装饰画采购

装饰画一般来说可分为印刷画、定制手绘画、实物装裱三类。

第一类是印刷画，需要 1~2 周的生产时间，设计师根据整体方案选择合适的画框、装裱的卡纸以及相应风格的画芯。画芯、卡纸及画框的装裱过程需要 7~10 天的时间。画装裱完之后就可以开始打包，一般需要 1~3 天的时间。

第二类是定制手绘画，生产时间需要 1~2 个月。有些绘画技法需要进行反复的上色，几次上色之间需要干燥时间，因此绘制周期一般需要 20~50 天。较为充裕的时间能较好地保证定制手绘画作呈现出良好的视觉效果。

第三类是实物装裱，也称为装置艺术。需要 2~3 周的时间进行制作。首先是 5~7 天的时间制作实物画芯，画品设计师要排列画面里的所有材料，然后进行粘贴或者其他的工艺加工。制作结束之后接下来就是装裱，同样是 5~7 天的时间。最后打包需要 1~3 天。

5. 装饰品采购

装饰品一般会选择市场上的成品，并且是有现货的成品进行方案的落地采购。最好将装饰品的组合形式事先草拟出来给客户过目，可以用表格或者图纸的形式，有利于后期的布场工作顺利开展。

02 单元
软装设计项目勘测

引言

进行软装设计的第一步，是对空间进行测量，只有了解基础硬装，对空间的各个部分进行精确的尺寸测量，并画出手绘图，才能进一步展开其他的装饰工作。为了使今后的软装工作更为顺利，对空间的测量应当尽量保证准确。本单元主要讲解软装设计项目勘测流程及测量方法；手绘室内空间界面尺寸图。

接下来就让我们一同来学习软装设计项目勘测内容。

定义

室内空间测量：按照某种规律，用数据来描述观察到的空间现象，即对室内空间做出量化描述。

手绘效果图：运用较写实的绘画手法来表现建筑或室内空间结构与造型形态，它既要体现出功能性又要体现出艺术性。

平面图：建筑物各层的水平剖切图，假想将一栋房屋的门窗洞口水平剖开（移走房屋的上半部分），将切面以下部分向下投影，所得的水平剖面图即为平面图。

顶面（天花）图：用于表达室内设计顶棚装修设计方案、顶棚使用材料名称、规格、造型样式、施工工艺要求以及灯具位置、灯具类型等。

学习目标

1. 在不参考任何书籍及资料的情况下，能够按软装设计项目勘测流程，运用测量工具完成空间测量及资料收集。
2. 能够综合运用所学知识，手绘软装设计项目原始界面图纸。

任务一

硬装验收与空间测量

在不参考任何书籍及资料的情况下，能够按软装设计项目勘测流程，运用测量工具完成空间测量及资料收集。

一、软装设计项目入户测量沟通技巧

软装设计项目空间测量阶段的服务目的是在快捷、不打扰客户的前提下高效地得到客户软装设计空间的尺寸信息、原始硬装风格、色彩、造型等特点以及客户软装设计需求。换角度思考，当一个家庭迎接一个陌生人进行家中空间的参观和评论时，客户内心总会存在着些许的抵抗和防备，也会受到设计师服务态度的影响。所以在这个过程中，设计师需要提供的关键服务包括礼貌地得到客户入户的允许、快捷量尺和提供专业咨询。

在项目勘测阶段中，设计师应当善于利用谈话技巧，既不引起客户的防范心理又能保持设计师的基本素养，尤其在进行客户全屋参观的过程中，设计师不要对家装风格进行苛刻的评论，这只是代表客户喜好的一种风格或装饰。这时候，设计师应当站在客户的角度，适当地从全屋的装修风格、客户家庭成员的生活习惯、客户的颜色偏好和选材要求等方面入手寻找设计的素材和逻辑，快速缩小客户意向需求的范围，精准地与客户产生共鸣。

由客户填写或者通过沟通替客户填写量房信息记录：

1. 家庭情况：日常_____口人居住，分别为：_____

   客户年龄段：_____；职业：_____；房屋使用年限及性质：_____

   老人是否一起居住：□常来　　□很少来　　□每年来一段时间　　□不考虑

   小孩：□男孩　　□女孩　_____个_____岁；是否独立居住：□是　　□否

2. 功能要求：

   □客/餐厅 _____

□主卧 _____

□次卧 _____

□书房 _____

□客房 _____

□衣帽间 _____

□阳台 _____

□厨卫 _____

□露台 / 庭院 _____

□备注 _____

3. 房屋结构：□满意　　□一般　　□不满意　　具体：_____

_____

4. 爱好：□运动　　□阅读　　□上网　　□品茶　　□办公　　□音乐　　□收藏　　□体育

其他：_____

5. 个性要求：

（1）色调：□深色　　□中性　　□浅色　　□暖色系　　□冷色系　　颜色偏好：_____　　不喜欢的颜色：_____

（2）风格：□现代简约　　□欧式　　□中式　　□田园　　□地中海　　□后现代　　□混搭

□其他 _____

6. 家居风水：□适当考虑　　□无所谓　　其他_____

7. 软装：□盆栽　　□挂画　　□瓷器　　□花艺　　□雕塑　　□雕花　　□灯具

□由设计师建议 _____

_____

二、硬装空间检测验收

在软装空间测量前应对整体硬装空间进行勘测，完成以下检查并填写硬装验收表，见表2-1。

表2-1　硬装验收表

墙体部分	
屋顶上是否有裂缝（与横梁平行基本无妨，如果裂缝与墙角呈45°，说明有结构问题）	是□否□
墙壁地面：用长尺等靠近墙壁地面，检查墙壁是否平整，同时观察是否有划痕裂纹，墙面是否有爆点	是□否□
分承重墙是否有裂缝（若有裂缝贯穿整个墙面，表示该房存在隐患）	是□否□
房间与阳台的连接处是否有裂缝（如有裂缝，很有可能是阳台断裂的先兆，要立即通知相关单位）	是□否□
是否有变色、起泡、脱皮、掉灰等现象，这些都是渗漏的迹象	是□否□
墙身顶棚是否有隆起，用木槌敲一下是否有空鼓	是□否□
从侧面看墙上是否留有较大、较粗的颗粒或印迹粗糙	是□否□
墙面是否有水滴、结雾的现象（冬天房间里的墙面如有水滴，说明墙面的保温层可能有问题）	是□否□
山墙、厨房、卫生间顶面、外墙是否有水迹	是□否□
内墙墙面上是否有石灰爆点（爆点意味着石灰水没有经过足够时间的熟化，影响装修效果）	是□否□
墙身有无特别倾斜、弯曲、起浪、隆起或凹陷的地方	是□否□
墙上涂料颜色是否有明显不均匀处	是□否□
相关位置是否有空调管孔	是□否□
天花部分	
是否有麻点（麻点将给室内装潢带来很大的不利影响）	是□否□
是否有雨水渗漏的痕迹或者裂痕	是□否□
卫生间顶棚是否有漆脱落或长霉菌	是□否□
顶棚楼板有无特别倾斜、弯曲、起浪、隆起或凹陷的地方	是□否□
厨房、卫生间、阳台的顶部和管道接口是否渗漏	是□否□
壁纸、石膏线都要打开灯或者拿手电看顶部是否毛糙	是□否□

地面部分	
客厅：现场是否清理完毕，地面是否平坦，有无裂纹、破损、空鼓等现象，地面是否有裂痕、脱皮、麻面、起砂等缺陷	是□否□
餐厅：现场是否清理完毕，地面是否平坦，有无裂纹、破损、空鼓等现象，地面是否有裂痕、脱皮、麻面、起砂等缺陷	是□否□
厨房：现场是否清理完毕，地面是否平坦，有无裂纹、破损、空鼓等现象，地面是否做防水处理，地面是否有裂痕、脱皮、麻面、起砂等缺陷	是□否□
主卫：现场是否清理完毕，地面是否平坦，有无裂纹、破损、空鼓等现象，地面是否做防水处理，地面是否有裂痕、脱皮、麻面、起砂等缺陷	是□否□
次卫：现场是否清理完毕，地面是否平坦，有无裂纹、破损、空鼓等现象，地面是否做防水处理，地面是否有裂痕、脱皮、麻面、起砂等缺陷	是□否□
主卧：现场是否清理完毕，地面是否平坦，有无裂纹、破损、空鼓等现象，地面是否有裂痕、脱皮、麻面、起砂等缺陷	是□否□
儿童房：现场是否清理完毕，地面是否平坦，有无裂纹、破损、空鼓等现象，地面是否有裂痕、脱皮、麻面、起砂等缺陷	是□否□
老年房：现场是否清理完毕，地面是否平坦，有无裂纹、破损、空鼓等现象，地面是否有裂痕、脱皮、麻面、起砂等缺陷	是□否□
客房：现场是否清理完毕，地面是否平坦，有无裂纹、破损、空鼓等现象，地面是否有裂痕、脱皮、麻面、起砂等缺陷	是□否□
其他房间：现场是否清理完毕，地面是否平坦，有无裂纹、破损、空鼓等现象，地面是否有裂痕、脱皮、麻面、起砂等缺陷	是□否□
木地板：是否有色差、花纹是否一样，走动时木地板是否有声响，特别是靠墙部位和门洞部位要多注意验收，发现有声响的部位，要反复检查，验收木地板是否变形、翘曲；木地板的表面是否有蛀眼、缝隙、划痕	是□否□
石材地面：地面石材铺装必须牢固，铺装表面平整，色泽协调，无明显色差；接缝平直、宽窄均匀，石材无缺棱掉角现象，非标准规格板材铺装部位正确；流水坡方向正确；有无空鼓现象	是□否□
地板砖：是否有色差、花纹是否一致，有无缺角，检查地砖镶贴有无空鼓，地砖镶贴对阳台、卫生间、厨房有排水坡度的要求，可进行泼水试验	是□否□

地板、地脚：这两个地方是瓷砖到顶的，要检查四角有无磕碰（房顶四角和地面四角），地砖墙砖有无变形开裂和空鼓；用小锤敲击地砖和墙砖，若有空鼓声音，应重新铺设	是☐否☐
各阳台：有无地漏	是☐否☐

三、空间测量工具

1.10 m 的卷尺，一定要长一些，否则有的墙量不了。

2.激光尺，也叫电子尺，有了它量房很方便。

3.量房夹，有个硬板垫着便于画图和写字，因为毛坯房里一般是没有桌椅的。

4.纸或测量记录本、笔（纸、笔多带一些，万一不够用，现场再去找比较麻烦，也可带公司或者自己编写的测量记录本）。

5.相机，用手机也可以，要把现场拍摄的视频、相片保存下来，以后返图的时候可以参考。如果哪里忘记了，还可以重复查看。

四、空间测量流程

1.在电话联系过后再给客户发送一条文本短信，告知客户自己具体的上门时间，并礼貌要求客户在现场陪同。

2.利用手机、相机、摄像机等设备，从入户开始沿顺时针方向将整个空间的地、墙、顶面进行完整的视频拍摄，不遗漏每一个细节。拍摄现场照片包括平行透视（大场景）、成角透视（小场景）、节点（重点局部）。

3.使用卷尺、激光尺等量房工具，从入户开始沿顺时针方向（相机拍摄方向）测量精准的空间尺寸，在客户提供的硬装图纸上复核尺寸，绘制软装设计项目勘测各个界面的图纸。

4.复核电源、开关、空调、水管、地漏、暖气、新风口等设施和设备位置，在图纸上标出具体尺寸。

5.沟通各个软装产品与硬装收口细节。

任务二
手绘项目空间勘测界面图

能够综合运用手绘图纸技法，手绘软装设计项目空间勘测界面图。

一、量房手绘界面图需要绘制记录什么？

1. 量房的时候观察房子的位置、朝向、周围环境等并记录下来，对于一些房间的功能进行初步设定。

2. 在量房的过程中，对房屋结构有一个初步了解，画出平面图，并且对房屋的软装做出初步设想。

3. 测量每个房间的长、宽、高，门窗尺寸、门与墙的距离、门窗与天花板的距离、墙体宽度和厚度等，并画出平面草图，标注尺寸。

4. 如果客户有布局改造的需求，则在初次量房的时候，应将开关面板等在平面图上标示出来，以便后期改造方案的设定。

5. 判断厨房、卫生间中下水道的管道布置，对后期橱柜、储藏柜、电器摆放位置等做好预留设想。

二、绘制软装设计项目空间平面图

平面图反映了空间、功能布局是否合理，动线是否顺畅，家具位置安排是否符合生活习惯等内容。在上门量尺时快速地获取客户定制空间尺寸、空间布局、装修需求等信息，是每位软装设计师必须掌握的技能。

1. 绘图工具

画图夹板、A3 纸、中性笔。

2. 绘制步骤

（1）请客户提供硬装的竣工图或者精装房的户型图，如果都没有，就要自己绘制空间户型图纸。如图 2-1 所示。

图 2-1

（2）在绘制每个空间的时候，都应正对该空间，这样会有方向感。如图2-2所示。

（3）从入户开始，按照顺时针方向逐一绘制，也有习惯按照逆时针方向绘制的。如图2-3所示。

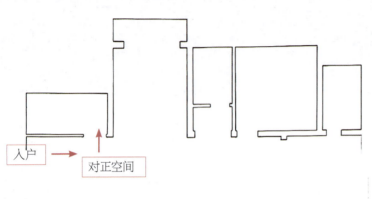

入户　对正空间

图 2-2

（4）按照顺时针方向绘制到起点的位置就算完成，一边绘制一边记录尺寸，量哪里尺寸，就正对哪里，记录的数字也正对着写。可以一个人拉卷尺量房，一个人专门记录。如图2-4所示。

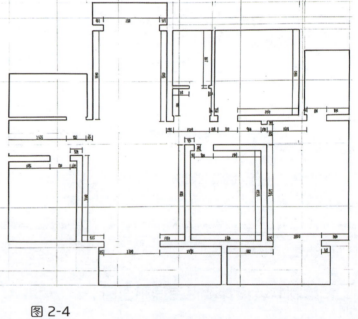

图 2-4

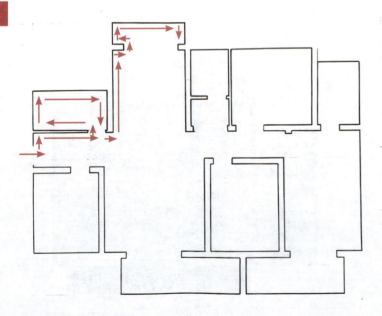

图 2-3

（5）在绘制的过程中标记好窗户、栏杆，然后画出外墙线，就算把图基本绘制完成了。如图 2-5 所示。

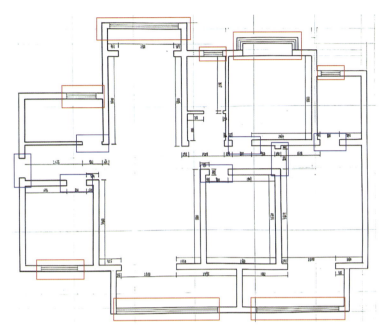

图 2-5

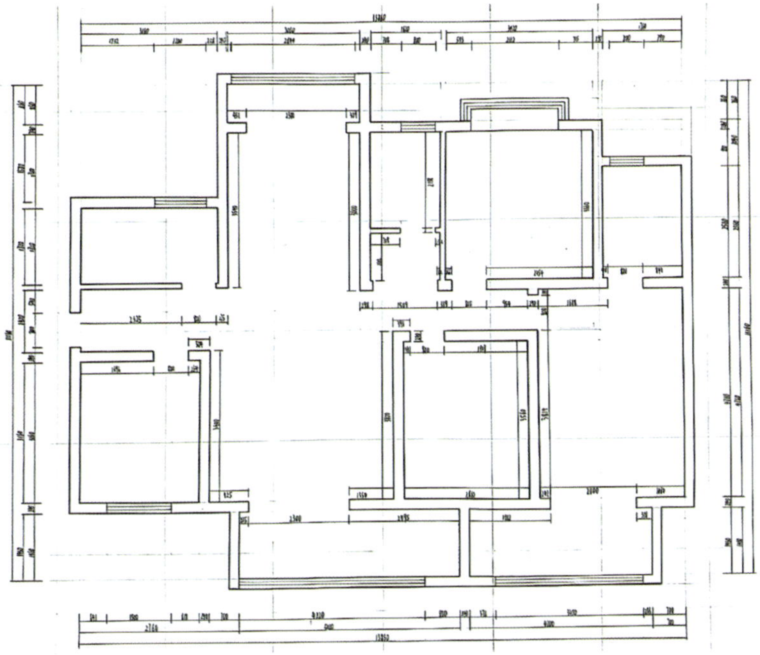

（6）总体出来的图如图 2-6 所示，确保记完全部数据。

图 2-6

三、绘制软装设计项目空间顶面图

1. 绘图工具

同平面图绘制工具。

2. 绘制步骤

（1）请客户提供硬装的竣工图立面图，如果没有就要自己绘制。如图 2-7 所示。

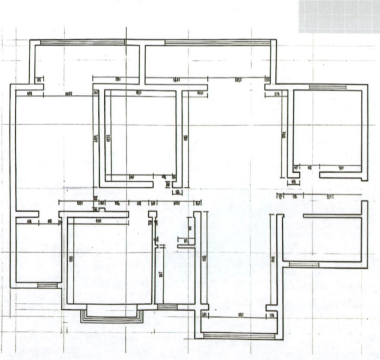

图 2-7

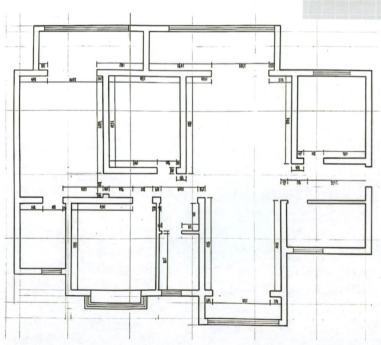

图 2-8

（2）画出墙体内墙线，绘制墙体厚度、房梁、主体（承重结构以多线条表示）以及固定设施。如图 2-8 所示。

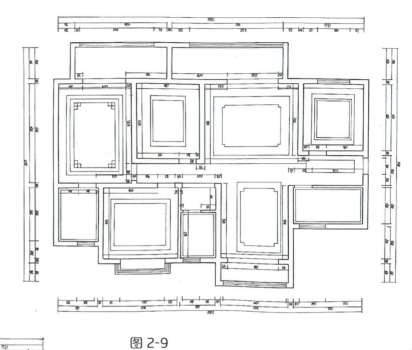

（3）绘制顶棚的造型和标记尺寸大小。
如图 2-9 所示。

图 2-9

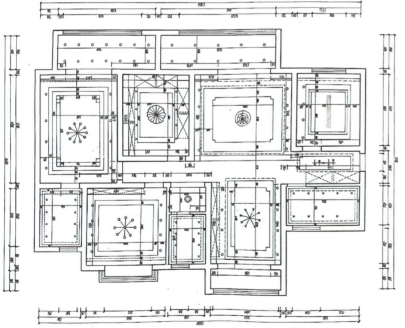

（4）绘制各个居室顶棚灯具简图及
位置。如图 2-10 所示。

图 2-10

03 单元
软装设计空间配色

引言

　　色彩不是一个抽象的概念，它和室内每一物体的材料、质地紧密地联系在一起。充分利用色彩的物理性能和色彩对人心理的影响，可在一定程度上改善空间尺度在视觉上的效果。本单元主要讲解四角色空间色彩搭配原则，配色灵感来源，色彩植入空间的设计技法，空间配色印象的搭配及色彩分析文本制作等知识内容及操作技法。

　　接下来就让我们一同来学习软装设计空间配色内容。

定义

　　色相：色相是色彩最基本的特征之一，即各类色彩的相貌称谓，是能够比较确切地表示某种颜色的名称，如紫色，绿色，黄色等。色相由原色、间色和复色构成。除了黑、白、灰以外的任何色彩都有色相的属性。

　　色调：色彩的浓淡、强弱程度，是色彩的总体倾向，是影响配色效果的首要因素。色彩的印象和感觉很多情况下都是由色调决定的。

　　明度：指色彩的明亮程度。在所有的颜色中，白色明度最高，黑色明度最低。可以通过加入白色提高色彩的明度，也可以通过加入黑色降低明度。相同的颜色在不用强度的光线下会有不同的明度。

学习目标

1. 能够根据配色灵感来源提取色彩，运用四角色空间色彩搭配原则设计空间色彩搭配方案。
2. 能够运用空间色彩印象提取色彩，制作软装方案色彩分析方案文本。

任务一

提取与植入空间色彩

能够根据配色灵感来源提取空间色彩，运用空间四角色搭配原则设计空间色彩搭配方案。

一、颜色植入空间

我们首先要了解空间中有什么，然后把色彩合理地附着在空间软装陈设物品上，最后协调物体与物体之间的色彩关系。我们把空间中的物体分成四个角色，背景色、主角色、配角色、点缀色。如图3-1所示。

图 3-1

1. 背景色

背景色常指室内墙面、地面、吊顶、门窗及地毯等大面积的界面色彩，它们是软装陈设（家具、饰品等）的背景色彩。背景色由于其绝对的面积优势，支配着整个空间的效果。

背景由多个界面组合而成，所以背景色往往是由多色组成的色相。如图 3-2 所示。

图 3-2

2. 主角色

室内空间中的主体物包括大件家具、布艺等，它们是构成视觉中心的物品。主角色是配色的中心色，其他颜色搭配通常以此为基础。

主角色可以是一个颜色，也可以是一个单色系。如图 3-3 所示。

图 3-3

主角色的选择应注意以下两点：

（1）产生对比：选择与背景色或者配角色呈对比的色彩，产生鲜明、生动的效果；

（2）相互融合：选择与背景色、配角色相近的色彩，形成整体协调、稳重的效果。

3. 配角色

配角的视觉重要性和体积次于主角，常用于陪衬主角，使主角更加突出。通常是体积较小的家具，如短沙发、椅子、茶几、床头柜等。

配角色可以是一个颜色，或者一个单色系，还可以是由若干的颜色组成的颜色。如图 3-4 所示。

图 3-4

4. 点缀色

点缀色用在室内环境中最易于变化的小面积物件上，如壁挂、靠垫、植物花卉、摆设品等。

点缀色常采用强烈的色彩，以对比色或高纯度色彩来加以表现。如图 3-5 所示。

图 3-5

二、空间四角色搭配原则

学空间配色，必须先了解配色比例。室内空间色彩黄金比例为 60:30:10，其中 60% 为背景色，包括基本墙面、地面、顶面的颜色，30% 为主角色＋配角色，包括家具、布艺等的颜色，10% 为点缀色，包括装饰品的颜色等，这种搭配比例可以使家中的色彩丰富，但又不显得杂乱，主次分明，主题突出。

下面我们来分析两组空间色彩搭配案例（色彩选用 RGB 数值），如图 3-6 和图 3-7 所示。

背景色	墙面、地面、顶面	60%	216 217 208	205 196 189	107 104 99
主角色	沙发、窗帘	30%	177 174 171	105 96 89	
配角色	单人沙发、茶几		97 58 20	56 50 42	
点缀色	靠枕、摆件	10%	67 87 107	164 114 65	

图 3-6

背景色	墙面、地面、顶面	60%	■ 126 107 103	■ 192 192 192	■ 95 95 92
主角色	沙发、窗帘	30%	■ 188 147 114	■ 92 86 79	
配角色	单人沙发、茶几		■ 27 19 23	■ 16 213 208	
点缀色	靠枕、摆件	10%	■ 128 128 157	■ 203 203 206	

图 3-7

三、空间色彩数量

空间中色彩的数量会影响装饰效果，通常分为少色数型和多色数型。三色及三色以内是少色数型，三色以上是多色数型，要注意的是这里的色指的是色相，例如深红和暗红可视为一种色相，同属于一色。白色、黑色、灰色、金色、银色不计入色彩数量。少色数型的搭配显得和谐且简洁干练，如图3-8所示。多色数型的

图 3-8

图 3-9

搭配充满开放感和个性的气氛，如图3-9所示。

图案类物品以其整体呈现的色彩为准。例如一块花布有多种颜色，专业上以主要呈现色为准。判断的办法是眯着眼睛看到的主要色调即呈现色。但如果一个大型图案中有多个明显的大面积色块，就视其他为多种颜色。

四、配色的灵感来源

　　学习色彩设计可以从大自然、摄影作品、电影画面、服饰配饰和家居软装杂志上获得灵感，就像绘画创作需要去生活中采风一样。另外，每年世界权威色彩机构潘通（Pantone）都会发布流行色的趋势。它对于色彩搭配的指导性建议，不仅受到时尚领域的重视，软装设计界也会广泛运用，多关注这方面信息对学习配色大有帮助。具体见表 3-1。

表 3-1　配色的灵感来源

类型	灵感来源	色彩提取	配色运用

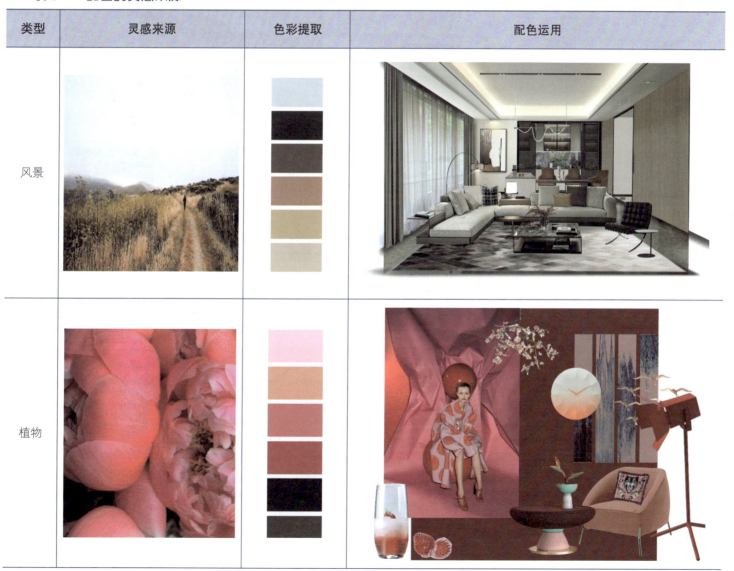

类型	灵感来源	色彩提取	配色运用
动物			
摄影作品			
食物			

类型	灵感来源	色彩提取	配色运用
服饰			
绘画			

任务二

制作软装方案色彩分析方案文本

能够运用空间色彩印象提取色彩，制作软装方案色彩分析方案文本。

一、空间配色印象

什么是色彩印象？色相 + 色调 = 色彩印象。有哪些常见的色彩印象？什么又是决定色彩印象的因素？

配色与印象一致才算成功的配色，色调、色相、对比强度、面积比都是决定色彩印象的因素。具体见表 3-2。

表 3-2　空间配色印象

配色印象	色彩	空间配色运用
休闲活力：给人热情奔放、开放活泼的家居空间感觉，是年轻一代的最爱。配色上通常以鲜艳的暖色为主，色彩明度和纯度较高，如果再搭配上对比色的组合，可以呈现出极富冲击感的视觉效果	72 185 189 249 231 147 252 219 44 238 175 0 235 118 100 227 96 50 200 217 40	

配色印象	色彩	空间配色运用
时尚前卫：配色给人时尚、动感、流行的感受，使用的色彩饱和度较高，并通常通过对比较强的配色来表现张力，例如黑白格配，各种彩色的互补色和对比色，以及不同明度和纯度的对比等	225 107 33 210 20 118 225 241 0 211 214 49 0 161 233 180 180 180 61 60 82	
浪漫甜美：纯度很低的粉色、紫色是营造浪漫氛围的最佳色彩，如淡粉色、淡薰衣草色	243 209 223 249 230 198 212 236 248 240 175 157 241 217 223 223 240 248 147 30 74	

配色印象	色彩	空间配色运用
传统厚重：配色常以暗浊的暖色调为主，明度和纯度都比较低。表现出传统的味道，如褐色、白色、米色、黄色、橙色、茶色、木纹色等	 155 112 69  191 137 103  247 223 177 196 170 95  81 53 31  125 163 102  151 130 113	
浓郁华丽：华丽还是朴素与色相关系最大，其次是纯度与明度。紫色象征神秘奢华，金色象征王权高贵，白色象征纯洁神圣，冰蓝色象征冷艳高级，喜庆的红色表现出浓郁的华丽气息	 131 30 88 121 41 127 219 188 22 178 34 57 145 92 24 178 155 23 23 23 21	

配色印象	色彩	空间配色运用
都市气息：都市印象的配色常常能够使人联想到商务人士的西装、钢筋水泥的建筑群等的色彩。通常用灰色、黑色等与低纯度的冷色搭配，明度、纯度通常较低	221 221 219 121 123 135 143 147 159 85 117 164 3 60 103 117 91 74 0 0 0	
自然气息：指从自然景观中提炼出来的配色体系，具有很强的包容性。色相以浊色调的棕色、绿色、黄色为主，明度中等、纯度较低。树木的绿色和大地的棕色是自然界中最常见的色彩	207 225 141 188 208 75 163 142 14 138 106 59 223 178 121 149 164 143 181 199 183	

二、制作软装设计色彩分析方案文本（以都市印象为例）

常用的软装排版软件有 Photoshop、美间、PPT 等，现在以美间软件为例讲解色彩分析方案文本制作步骤。

（1）打开美间软件，单击软件右上角蓝色按钮"开始设计"，创建方案，如图 3-10 所示。

图 3-10

（2）选择方案尺寸或根据整体方案需求自定义尺寸，如图 3-11 所示。

图 3-11

（3）在"素材"中选定"色卡"，如图 3-12 所示。

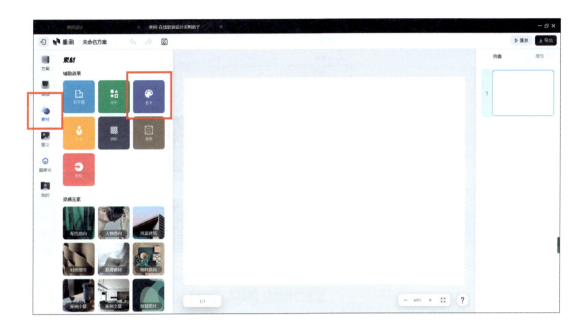

图 3-12

（4）根据"都市印象"主题选择冷色系色卡，找到图片及配色方案，如图 3-13 所示。

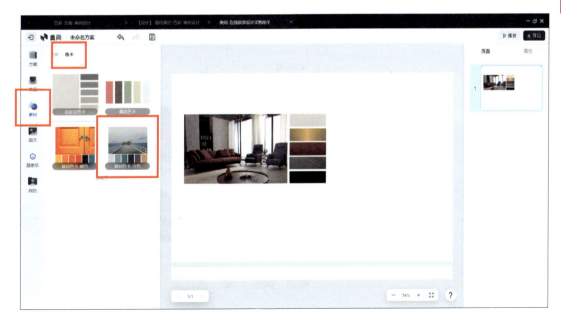

图 3-13

（5）在"素材"中选定灵感元素中的示意图片，进行版式编排，如图3-14所示。

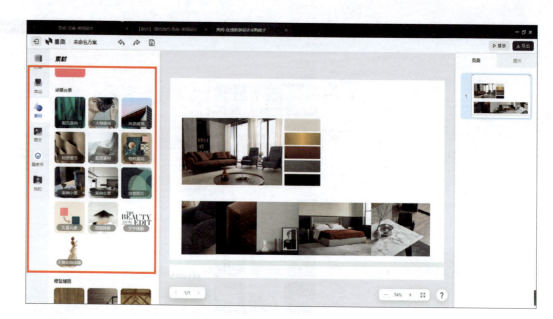

图 3-14

（6）编写版式中的文字，如图3-15所示。

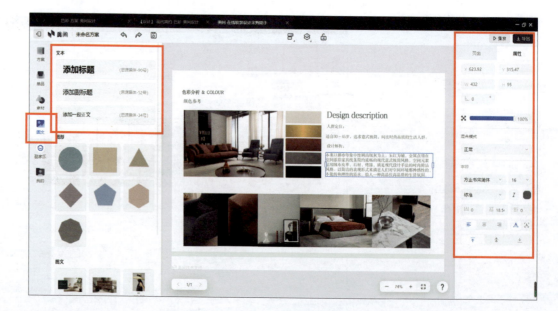

图 3-15

（7）形成最终软装设计色彩分析方案文本并导出，如图3-16所示。

图 3-16

三、软装设计色彩分析方案文本案例赏析（图 3-17 ～图 3-18）

以硬装中自然温润的木色与深沉的灰色作为空间大面积铺陈的底色，沉静而温和，局部用跳色配合。

图 3-17

色彩分析

70%　10%　20%

整体空间中，以白色、木纹等基础色调作为铺垫，并注入 2019 年年度流行色珊瑚橙，局部小细节以静谧湖蓝作为点缀。为沉闷的气氛带来活动，紧跟潮流的温柔感，让整体空间感觉更时尚、精致，提高了层次感，和硬装相呼应。

图 3-18

04 单元
新中式软装设计风格

引言

本单元主要讲解新中式风格的软饰设计，并运用其风格元素特征辨识软装设计产品；制作新中式风格的软装设计方案文本。

接下来就让我们一同来定位新中式软装设计风格。

定义

新中式风格：是中式元素与现代材质巧妙融合的布局风格，它同明清风格的家具、窗棂、布艺床品交相辉映，经典地再现了移步异景的精妙小品。新中式风格还继承明清时期家居理念的精华，将其中的经典元素提炼并加以丰富，同时摒弃原有空间布局中等级、尊卑等封建思想，给传统家居文化注入了新的气息。

学习目标

1. 在不参考任何书籍及资料的情况下，能够阐述新中式风格的软装设计风格元素特征，辨识新中式风格的软装设计产品。
2. 能够综合运用所学知识，制作新中式软装设计方案文本。

任务一

辨识新中式软装设计风格元素特征

通过自主学习及查阅资料，能够用自己的语言、思维方式阐述及归纳新中式软装设计风格元素特征，正确辨识新中式风格的软装设计产品。

新中式风格主要包括两方面的基本内容：一是中国传统风格文化意义在当前时代背景下的演绎；二是对中国当代文化充分理解基础上的当代设计。新中式风格不是纯粹的传统元素的堆砌，而是通过对传统文化的认识，将现代元素和传统元素结合在一起，以现代人的审美需求来打造富有传统韵味的事物，让传统艺术在当今社会得到合适的体现。如图4-1和图4-2所示。详细讲解见表4-1。

图4-1

图 4-2

表 4-1　新中式软装设计风格元素特征

类型	图例	元素特征
色彩搭配	　　RGB 248 247 229　　RGB 125 125 125　　RGB 43 39 37	本方案以苏州园林和京城民宅的黑、白、灰色为基调，运用富有中国画意境的淡雅清新的高雅色系

类型	图例	元素特征
色彩 搭配	 RGB 252 164 23 　RGB 253 224 97　RGB 213 209 206  RGB 160 49 60 　RGB 194 169 114　RGB 176 175 174	本方案采用富有皇家贵族气息的色彩鲜艳的高调色系，以皇家住宅的荔枝红、至尊金、青金蓝、松柏绿、木檀棕等作为局部色彩

类型	图例	元素特征
色彩搭配	 RGB 0 110 111　RGB 79 50 46　RGB 172 150 126	
家具类型	①新中式榻　②新中式实木餐边柜 ③新中式圈椅　④新中式乌金木禅意双人沙发	新中式风格家具摒弃了传统中式家具的复杂造型和繁复雕花纹样，多采用简单的几何形体，运用现代的材质及工艺，演绎传统中国文化的精髓，使家具不仅拥有典雅、端庄的中国气息，而且具有明显的现代特征。新中式家具多以线条简练的仿明式家具为主

类型	图例	元素特征
照明灯饰	①新中式长形吊灯　②新中式禅意设计客厅吊灯 ③新中式台灯　④新中式珐琅彩全铜中国风创意仿古吊灯	新中式风格灯饰相对于传统中式风格，造型偏现代，线条简洁大方，往往在部分装饰细节上注入中国元素。比如传统灯饰中的宫灯、河灯、孔明灯等都是新中式灯饰的演变基础。除了能够满足基本的照明需求外，还可以将其作为空间装饰的点睛之笔
布艺织物窗帘	 新中式中国风山水画客厅/书房成品拼接窗帘	偏禅意的新中式风格适合搭配棉麻材质的素色窗帘；比较传统雅致的空间窗帘建议选择沉稳的咖啡色调或者大地色系，例如浅咖啡色或者灰色、褐色等；如果喜欢明媚、前卫的新中式风格，最理想的窗帘色彩是高级灰

类型	图例	元素特征
地毯	 新中式抽象花草客厅/卧室地毯	新中式风格地毯既可以选择具有现代感的中式元素图案的，也可选择带有传统的回纹、万字纹或花鸟山水、福禄寿喜等中国古典图案的。通常大空间适合花纹较多的地毯，小空间则适合图案较朴素简单的地毯
床品	 新中式靠枕几何搭配床品套件	新中式风格的床品需要通过纹样展现中式传统文化的意韵，而色彩上则突破传统中式的配色手法。在具体款式上，新中式风格的床品不像欧式床品那样要使用流苏、荷叶边等丰富装饰，重点在于色彩和图形要体现一种意境感

类型	图例	元素特征
靠枕	①新中式惊鸿一面刺绣靠枕　②新中式灰色刺绣仙鹤鸟靠枕	如果空间的中式元素比较多，靠枕最好选择简单、纯色的款式；当空间中的中式元素比较少时，可以赋予靠枕更多、更复杂的中式元素，例如花鸟、窗格图案等
软装饰品摆件	①新中式瓷器摆件　②新中式软装饰品山水金属摆件　③新中式禅意插花摆件	瓷器一直是中国家居重要的饰品，其装饰性不言而喻。将军罐、陶瓷台灯、青花瓷摆件都是新中式风格软装中的重要组成部分。寓意吉祥的狮子、貔貅、鸟类、骏马等造型的瓷器摆件也是新中式风格常用的饰品

类型	图例	元素特征
壁饰	①新中式纯铜飞雁系列墙面挂饰　②新中式创意铁艺扇子立体壁饰 ③新中式金属壁饰青溪系列　④新中式立体水墨山水壁挂装饰品	新中式风格壁饰应注重与整体环境色调的呼应与协调，沉稳素雅的色彩符合中式风格内敛、质朴的气质。荷叶、金鱼、牡丹等具有吉祥寓意的饰品是常见的新中式空间的壁饰。此外，黑白水墨风格的挂盘也能展现浓郁的中式韵味，寥寥几笔就能带出浓浓中国风
花艺	①新中式石榴花艺　②新中式迎客松盆景 ③新中式装饰花套装摆件	新中式风格花艺设计注重意境，追求绘画式的构图，常常搭配摆放其他中式传统配饰，如茶器、文房用具等。花材的选择以枝干修长、叶片飘逸、花小色淡、寓意美好的种类为主

类型	图例	元素特征
装饰画	新中式古典玄关中堂会客茶室国画 新中式三联组合民宿样板间仙鹤挂画	新中式风格装饰画一般常常采取大量的留白，渲染唯美诗意。此外花鸟图也是新中式风格常常用到的题材。花鸟图不仅可以展现中式的美感，而且能丰富整体空间的色彩，增添空间瑰丽、唯美的特质

任务二

制作新中式风格软装方案文本

能够综合运用新中式软装设计风格知识，并运用该室内软装风格方案制作流程及方法，制作完成一份完整的新中式软装风格方案文本。

一、新中式风格软装方案文本制作流程

1. 确定个性特征

（1）与客户探讨软装饰的风格。

（2）尊重硬装风格，明确风格定位，尽量通过软装饰的合理搭配完善和弥补硬装修的缺陷。

（3）软装饰的风格可以与硬装协调统一，表现出室内空间的整体感，也可以用不同风格的软装饰混搭硬装，表现出新颖、独特的审美品位。

2. 选定造型特征

（1）新中式讲究对称，以阴阳平衡概念调和室内生态。

（2）空间装饰多采用简洁、硬朗的直线条。

3. 选定色彩特征

根据客户个性特征，从多种新中式风格常用配色中选定本方案的色彩特征。如图 4-3 所示。

4. 选定材质特征

新中式软装多采用大理石、织物、木材、布艺、丝、纱、壁纸、玻璃、仿古瓷砖等。如图 4-4 所示。

以褐色、米黄、灰色三种优雅色彩为基调，取其形，表其意

图 4-3

材质管理

大理石   织物   木材   布艺

图 4-4

5. 选定软装产品示意图片

根据以上 4 点内容，选择符合要求的软装产品示意图片。产品从家具、布艺、照明灯饰、摆设、装饰画、花艺绿植、案例小景等多个方面选择。如图 4-5 所示。

图 4-5

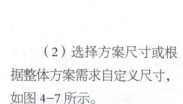

6. 图文并茂设计版式

　　常用的软装排版软件有Photoshop、美间、PPT等，现在以美间软件为例讲解版式设计步骤。

　　（1）打开美间软件，单击软件右上角蓝色按钮"开始设计"，创建方案，如图4-6所示。

图 4-6

　　（2）选择方案尺寸或根据整体方案需求自定义尺寸，如图4-7所示。

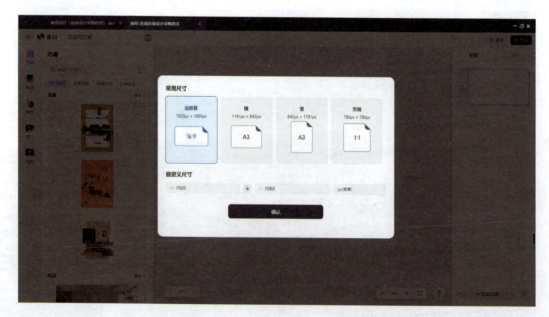

图 4-7

（3）在"单品"中选定风格单品进行版式编排，如图 4-8 所示。

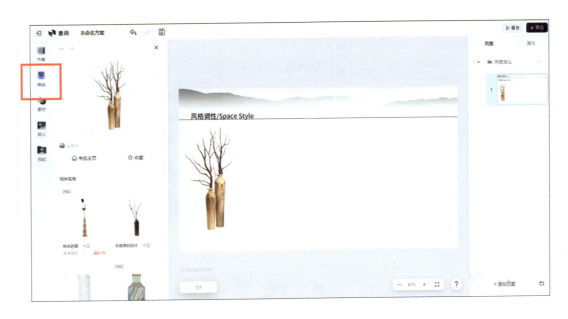

图 4-8

（4）在"素材"中选定同风格案例小景。进行版式编排，如图 4-9 所示。

图 4-9

（5）编写版式中的文字，如图 4-10 所示。

图 4-10

（6）形成最终风格方案文本并导出，如图 4-11 所示。

图 4-11

二、新中式风格方案案例赏析（图4-12）

风格解析　　新中式风格

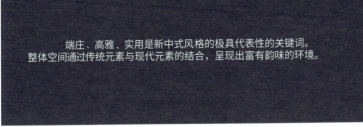

端庄、高雅、实用是新中式风格的极具代表性的关键词。
整体空间通过传统元素与现代元素的结合，呈现出富有韵味的环境。

　　新中式风格是中式元素与现代材质的巧妙融合的布局风格，它同明清风格的家具、窗棂、布艺床品相互辉映，经典地再现了移步异景的精妙小品。新中式风格还继承了明清时期家居理念的精华，将其中的经典元素提炼并加以丰富，同时改变原有空间布局中等级、尊卑等封建思想，给传统家居文化注入了新的气息。

图 4-12

05 单元
欧式古典软装设计风格

引言

    欧式古典软装设计风格的特点是典雅华贵，具有浓厚的文化气息，注重营造和谐温馨、华贵典雅的居室氛围。本单元主要讲解软饰设计的欧式古典风格，并运用其风格元素特征辨识软装设计产品；制作欧式古典风格的软装设计方案文本。

    接下来就让我们一同来学习欧式古典软装设计风格。

定义

    欧式古典风格：以华丽、高雅的古典装饰，浓烈的色彩，精美的造型达到雍容华贵的装饰效果。包括罗马风格、哥特式风格、文艺复兴风格、巴洛克风格、洛可可风格、新古典主义风格。

学习目标

1. 在不参考任何书籍及资料的情况下，能够阐述欧式古典风格的软装设计风格元素特征，辨识欧式古典风格的软装设计产品。
2. 能够综合运用所学知识，制作欧式古典软装设计方案文本。

任务一

辨识欧式古典软装设计风格元素特征

在不参考任何书籍及资料的情况下，能够阐述欧式古典软装设计风格元素特征，辨识欧式古典风格的软装设计产品。

欧式古典风格以欧式线条勾勒出不同的装饰造型，气势恢宏、典雅大气。在材质上，采用仿古地砖、欧式壁纸、大理石等，强调稳重、华贵与舒适。在色彩上，运用明黄、米白等常用古典色来渲染空间氛围，营造富丽堂皇的效果。在家具配置上，本案选用了塞特维那系列家具，气质沉稳高贵，细节雕刻精美，洋溢着古典的稳重华丽。在配饰上，以华丽、明亮的色彩，配以精美的造型达到雍容华贵的装饰效果。局部点缀绿植鲜花，营造出自然舒适的氛围，见表 5-1。

表 5-1　欧式古典软装设计风格元素特征

类型	图例	元素特征
色彩搭配	 RGB 124 79 64　　RGB 201 203 202　　RGB 36 55 71	讲究优雅、奢华，还需要加入适量的装饰色彩，如金色、紫色、红色等，夹杂在素雅的基调中温和地跳动，打造柔和、高雅的气质

类型	图例	元素特征
色彩搭配	 RGB 123 102 79 ● RGB 210 206 205 ● RGB 111 65 33 ●	拒绝浓烈的色彩，推崇自然、雅致的用色，例如蓝色、绿色、紫色搭配清新自然的象牙白和奶白色，营造素雅、清幽的感觉
家具类型	①法式轻奢实木真皮单人沙发 ②法式斗柜 ③法式餐椅	使用金色、银色、紫色等极富贵族气质的色彩，造型一般采用流线型设计，给家具增添贵气的同时，也营造典雅的气质

类型	图例	元素特征
照明灯饰	①法式吊灯　　②法式壁灯　　③ led 法式吸顶灯	常用水晶灯、烛台灯、全铜灯等灯饰类型，造型上要求精巧细致、圆润流畅。例如金色外观的吊灯，配合简单的流苏和优美的曲线造型，可给整个空间带来高贵、优雅的气息
布艺织物窗帘	①欧式窗帘，雪尼尔客厅卧室帘头　②法式高端定制香芋紫拼接遮光高精密窗帘	巴洛克、洛可可等欧式传统风格的空间中，常采用金色、银色描边的或浓重色调的布艺，色彩对比强烈。法式新古典风格选择的布艺花色则要淡雅和柔美许多

类型	图例	元素特征
地毯	 法式灰色羊毛地毯	地毯选择色彩相对淡雅的图案，通常采用棉、羊毛或者现代化纤编织。花植是地毯纹样中较为常见的一种，能给大空间带来丰富饱满的效果，在法式风格中，常选用此类地毯营造典雅、华贵的空间氛围
床品	 法式丝棉贡缎提花床品套件	欧式古典风格床品经常出现艳丽、明亮的色彩，材质上使用光鲜的面料，例如真丝、钻石绒等，演绎法式风格华贵的气质

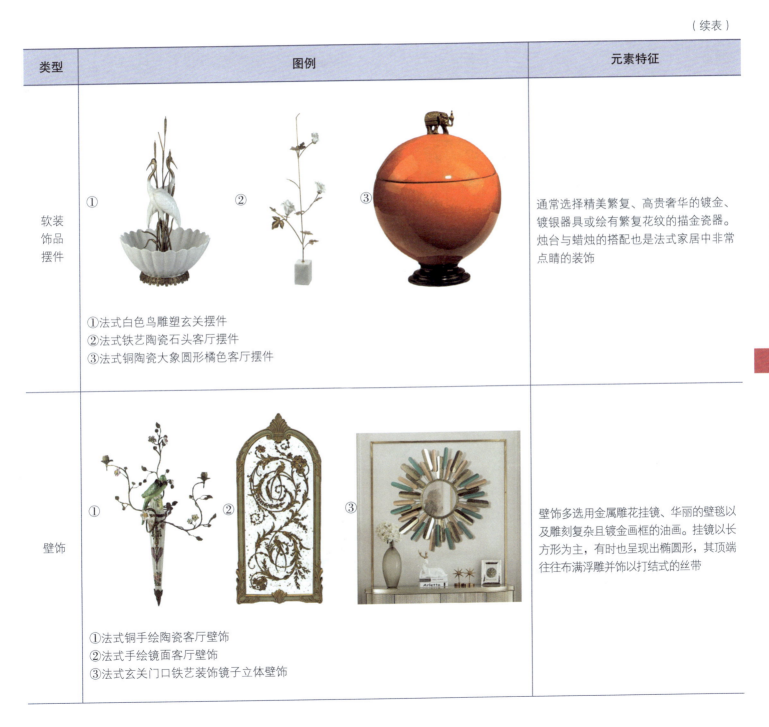

类型	图例	元素特征
软装饰品摆件	① ② ③ ①法式白色鸟雕塑玄关摆件 ②法式铁艺陶瓷石头客厅摆件 ③法式铜陶瓷大象圆形橘色客厅摆件	通常选择精美繁复、高贵奢华的镀金、镀银器具或绘有繁复花纹的描金瓷器。烛台与蜡烛的搭配也是法式家居中非常点睛的装饰
壁饰	① ② ③ ①法式铜手绘陶瓷客厅壁饰 ②法式手绘镜面客厅壁饰 ③法式玄关门口铁艺装饰镜子立体壁饰	壁饰多选用金属雕花挂镜、华丽的壁毯以及雕刻复杂且镀金画框的油画。挂镜以长方形为主，有时也呈现出椭圆形，其顶端往往布满浮雕并饰以打结式的丝带

类型	图例	元素特征
花艺	 法式仿真花艺	花艺通常自由浪漫，花色对比强烈。让花枝和藤蔓四溢，如同油画创作般精心布置。常用的花材有丁香花、康乃馨、郁金香等。花器材质以青铜、陶瓷为主
装饰画	 ①法式风景油画　　②法式复古挂画	装饰画可选择油画，以风景、人物为主题，配以雕刻花纹的精致金属外框，使整幅装饰画兼具古典美与高贵感

任务二
制作欧式古典风格软装方案文本

能够综合运用所学知识，制作欧式古典风格软装方案文本。

一、欧式古典软装方案文本制作流程

1. 确定个性特征

（1）与客户探讨欧式古典装饰风格个性特征。

（2）尊重硬装风格，明确欧式古典风格定位，尽量通过软装饰的合理搭配完善和弥补硬装修的缺陷。

2. 选定造型特征

（1）以欧式线条勾勒出不同的装饰造型，气势恢宏、典雅大气。

（2）繁复抽象、古典感强。

3. 选定色彩特征

根据客户个性特征，从多种欧式古典风格常用配色中选定本方案的色彩特征。如图 5-1 所示。

4. 选定材质特征

材料选用高档红胡桃饰面板、欧式风格壁纸、石材、仿古砖、石膏装饰线等。如图 5-2 所示。

色彩提炼

空间以褐咖色、黑色为主色调。局部点缀以明亮的祖母绿和黄色，色彩的和谐搭配使空间平添了一份典雅和尊贵。

图 5-1

金铜　　　　　　　　陶瓷　　　　　　　　石膏板　　　　　　　面料

高档的材质、承载着视觉特质的色彩和悉心甄选的艺术品，共同勾勒环境，令每一个空间散发出不同的能量和气场。

图 5-2

5. 选定软装产品示意图片

　　根据以上 4 点内容，选择符合要求的软装产品示意图片。产品从家具、布艺、照明灯饰、摆设、装饰画、花艺绿植、案例小景等多个方面选择。如图 5-3 所示。

6. 图文并茂设计版式

　　参考新中式风格软装方案文本制作流程和操作步骤。

图 5-3

二、欧式古典风格方案案例赏析（图 5-4、图 5-5）

图 5-4

典雅欧式

精致的典雅生活
就像蓝色
浪漫而又神秘

You are beautiful
in each and every way.
Let our personal shopper
choose the most exciting
designs. Whether trendy
or traditional, we have
the perfect look for you.
Contact us by phone or
at our web address for
your personal shopping
and styling experience.

图 5-5

06 单元
北欧软装设计风格

引言

　　北欧风格设计发源于 20 世纪 50 年代北欧的芬兰、挪威、瑞典、冰岛和丹麦，主要特征是极简主义以及对功能性的强调，并且对后来的极简主义、简约主义、后现代等风格都有直接的影响。北欧风格大体分为两种，一种是充满极简造型和线条的现代风格，另一种是崇尚自然、乡间质朴的自然风格。本单元主要详细讲解软装设计的北欧风格，并能运用其风格元素特征，辨识软装设计产品；制作北欧风格的软装设计方案文本。

　　接下来就让我们一同来学习北欧软装设计风格。

定义

　　北欧风格：充满极简造型和线条的现代风格和崇尚自然、乡间质朴的自然风格。

学习目标

1. 在不参考任何书籍及资料的情况下，能够阐述北欧软装设计风格元素特征，辨识北欧风格的软装设计产品。
2. 能够综合运用所学知识，制作北欧风格的软装设计方案文本。

任务一

辨识北欧软装设计风格元素特征

在不参考任何书籍及资料的情况下，能够阐述北欧风格的软装设计风格元素特征，辨识北欧风格的软装设计产品。

北欧风格的室内可见原木制成的梁、檩、椽等建筑构件，顶、墙、地三个面完全不用纹样和图案装饰，只用线条、色块进行点缀。此外，北欧风格非常注重采光，大多数的房屋都选择大扇的窗户甚至落地窗。室内环境中使用的材料基本上都是未经精细加工的原木，最大限度地保留了木材的原始色彩和质感，具有独特的装饰效果。除了善用木材之外，石材、玻璃和铁艺等都是在北欧风格中经常运用到的装饰材料，见表6-1。

表 6-1　北欧软装设计风格元素特征

类型	图例	元素特征
色彩搭配	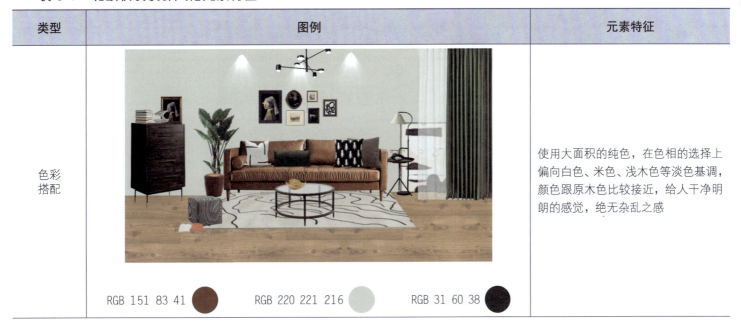 RGB 151 83 41　　RGB 220 221 216　　RGB 31 60 38	使用大面积的纯色，在色相的选择上偏向白色、米色、浅木色等淡色基调，颜色跟原木色比较接近，给人干净明朗的感觉，绝无杂乱之感

(续表)

类型	图例	元素特征
色彩搭配	 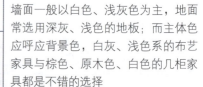RGB 215 212 207　RGB 193 147 94　RGB 66 86 47 RGB 211 147 60　RGB 230 230 227　RGB 166 113 68	墙面一般以白色、浅灰色为主，地面常选用深灰、浅色的地板；而主体色应呼应背景色，白灰、浅色系的布艺家具与棕色、原木色、白色的几柜家具都是不错的选择

家具设计与软装搭配

76

类型	图例	元素特征
家具	 ①北欧阿尔托小推车 ②北欧风格客厅布艺沙发	家具尺寸以低矮为主，在设计方面，多数不使用雕花、人工纹饰，但形式多样，具有简洁、功能化且贴近自然的特点
照明灯饰	 北欧风格吊灯	灯饰造型简单且具有混搭特点。较浅色的北欧风格空间中，如果出现玻璃及铁艺材质，就可以考虑挑选类似质感的灯饰

类型	图例	元素特征
布艺织物窗帘	 北欧风格麻纱纯色纱帘 / 棉麻成品窗帘	北欧风格以清新明亮为特色，白色、灰色系的窗帘是百搭款。北欧风格的窗帘适合采用自然柔软的棉麻材质，亚麻属于天然材质，可以营造天然原始的感觉
地毯	 北欧风格轻奢家用卧室地毯	北欧风格的地毯有很多选择，一些简单图案和线条感强的地毯可以起到不错的装饰效果。黑、白两色的搭配是北欧风格地毯经常会使用到的颜色

类型	图例	元素特征
床品	 北欧风格全棉拉绒四件套素色床上用品	北欧风格常采用单一色彩的床品，多以白色、灰色等色彩来搭配空间中大量的白墙和木色家具，形成很好的融合感。也可挑选暗藏简单几何纹样的淡色面料
靠枕	 北欧风格靠枕	经典的北欧风格靠枕图案包括黑白格子、条纹、几何图案、花卉、树叶、鸟类、人物、粗十字等。材质从棉麻、针织到丝绒，有多种选择

类型	图例	元素特征
软装饰品摆件	 ①北欧风格木质树形创意家居桌面摆件 ②北欧风格树脂客厅摆件 ③动态平衡装饰几何客厅摆件	以植物盆栽、相框、蜡烛、玻璃瓶等线条清爽的物品进行装饰。围绕蜡烛而设计的各种烛灯、烛杯、烛盘、烛托和烛台也是北欧风格的一大特色
壁饰	 ①欧式简约高档壁饰创意鹿头挂件 ②动物头布艺儿童房北欧风创意卧室墙挂	麋鹿头一直都是北欧风格的经典代表元素，凡是北欧风格的空间中，大多都会有一个麋鹿头造型的饰品作为壁饰。墙面挂盘崇尚简洁、自然、人性化的风格

类型	图例	元素特征
花艺	①北欧风格摆放花艺 ②北欧风格仿真绢花装饰摆放花艺	北欧风格的植物蓬勃扎实，低饱和度色彩的花束以及绿植都是很好的选择，也能跟本身明亮白净的室内设计产生对比的效果
装饰画	①北欧风格现代创意挂画 ②北欧风格摄影挂画	装饰画采用充满现代抽象感的画作，内容可以是字母、抽象形状或者人像，再配以简单细窄的画框

任务二
制作北欧风格软装方案文本

能够综合运用所学知识，制作北欧风格软装方案文本。

一、北欧风格定位方案文本制作流程

1. 确定个性特征

（1）与客户探讨北欧装饰风格个性特征。

（2）尊重硬装风格偏向，明确北欧风格定位，尽量通过软装饰的合理搭配完善和弥补硬装修的缺陷。

2. 选定造型特征

（1）北欧风格具有简约、自然、人性化的特点，直接、功能化且贴近自然。

（2）北欧风格强调简洁实用，体现对传统的尊重，对自然材料的欣赏，对形式和装饰的克制，以及力求形式和功能的统一。

3. 选定色彩特征

根据客户个性特征，从多种北欧风格常用配色中选定本方案的色彩特征。以白色为主调，偏向浅色，如白色、米色、浅木色，使用鲜艳的纯色为点缀；或者以黑、白两色为主调，不加入其他任何颜色。如图6-1所示。

在硬装上白色的地砖、木色地板和奶油色的墙面作为空间的环境色，软装选品上以纯色家具为主，沙发选用浅灰色或米白色作为空间主角色，减弱深色地板带来的沉闷，同时配以装饰画和饰品与之呼应。客厅选用暖色窗帘提亮空间色调，让整体空间更利于放松身心。空间整体色彩平静和谐，营造一个更加宜居的居住氛围。

图6-1

4. 选定材质特征

常用的装饰材料主要有涂料、石材、棉麻、原木、藤编等，保留这些材质的原始质感。如图 6-2 所示。

5. 选定软装产品示意图片

根据以上 4 点内容，选择符合的软装产品示意图片。产品从家具、布艺、照明灯饰、摆设、装饰画、花艺绿植、案例小景等多个方面选择。如图 6-3 所示。

6. 图文并茂设计版式

参见新中式风格软装方案文本制作流程和操作步骤。

材质定位 Material Positioning

| 涂料 | 石材 | 棉麻 | 原木 | 藤编 |

图 6-2

软装元素 Decoration Element

| 家居用品 | 家具 | 雕塑 | 画品 | 摆件 | 布艺 |

图 6-3

二、北欧风格方案案例赏析（图6-4、图6-5）

风格定位
Style Orientation

北欧
原木
莫兰迪

简单生活的麻烦在于，它是快乐的，丰富的，有创意的，却一点也不简单。

DESIGN

当慢生活越来越多被提起，极简、淡然、慢生活已成为人们心中的一份渴望，而北欧风格以简洁、现代的整体感，让人感到舒适、自在，越来越备受青睐。素年几时，简单生活，不追逐名利权位，端坐于季节的末梢，静听风吟，坐观叶落，在喧嚣中，守着一颗心，纤尘不染，于生活中寻求一份稳稳的幸福。

图 6-4

设计风格 Theme of design

北欧家具以简约著称，具有很浓的后现代主义特色，注重流畅的线条设计，代表了一种时尚，回归自然，崇尚原木韵味，外加现代、实用、精美的艺术设计风格，反映现代都市人进入新时代的某种取向与旋律。北欧风格设计貌似不经意的搭配之下，一切又如浑然天成般光彩夺目。

图 6-5

07 单元
东南亚软装设计风格

引言

　　东南亚风格是一种结合了东南亚民族岛屿特色及精致文化品位的家居设计方式，多适宜静谧与雅致、奔放与脱俗的装修风格。东南亚风格广泛地运用木材和其他的天然原材料，如藤条、竹子、石材、青铜和黄铜深木色的家具，局部采用一些金色的壁纸和丝绸质感的布料，灯光的变化体现了稳重及豪华。本单元主要讲解软饰设计的东南亚风格，并能运用其风格元素特征辨识软装设计产品；制作东南亚风格的软装设计方案文本。

　　接下来就让我们一同来定位东南亚软装设计风格。

定义

　　东南亚风格：在设计上逐渐融合西方现代概念和亚洲传统文化，通过不同的材料和色调搭配，在保留了自身的特色之余，产生更加丰富的变化。

学习目标

1. 在不参考任何书籍及资料的情况下，能够阐述东南亚风格的软装设计风格元素特征，辨识东南亚软装设计产品风格。
2. 能够综合运用所学知识，制作东南亚软装设计方案文本。

任务一

辨识东南亚软装设计风格元素特征

在不参考任何书籍及资料的情况下，能够阐述东南亚风格的软装设计风格元素特征，辨识东南亚风格的软装设计产品。

东南亚软装设计风格的家居设计以其来自热带雨林的自然之美和浓郁的民族特色风靡世界，尤其是在气候非常接近的珠三角地区，更是受到热烈追捧。东南亚式的设计风格如此流行，是因为它独有的魅力和热带风情，备受人们推崇与喜爱。其倡导原汁原味，注重手工工艺而拒绝同质的乏味，在盛夏给人们带来东南亚风雅的气息，见表7-1。

表 7-1　东南亚软装设计风格元素

类型	图例	元素特征
色彩搭配	 RGB 170 126 92　　RGB 155 138 118　　RGB 154 148 147	1. 将各种家具包括饰品的颜色控制在棕色或者咖啡色系范围内，再用白色或米黄色进行调和，是比较中性化的色系

类型	图例	元素特征
色彩搭配		2. 采用艳丽的颜色做背景色或主色，例如青翠的绿色、鲜艳的橘色、明亮的黄色、低调的紫色等，再搭配艳丽色泽的布艺、黄铜或青铜类的饰品

RGB 164 154 152　　RGB 76 106 72　　RGB 199 100 19

RGB 232 231 227　　RGB 191 62 51　　RGB 49 61 48

类型	图例	元素特征
家具 类型	 ① ② ③ ①东南亚架子床 ②东南亚风格家具实木罗汉床 ③东南亚铜手绘陶瓷客厅边几	东南亚风格崇尚自然、造型粗犷的木制家具，形态各异的藤艺家具，惟妙惟肖的红木家具。家具表面往往只是涂一层清漆作为保护，保留原始材质较深的本色
照明 灯饰	 ① ② ③ ① 泰式吊灯／中东南亚吊灯／酒红色吊灯 ② 东南亚创意树枝灯 ③ 东南亚复古吊灯	东南亚风格的灯饰造型具有明显的地域民族特征。如铜制的莲蓬灯、大象等动物造型的台灯、手工敲制的具有粗糙肌理的叶片状铜片吊灯等

类型	图例	元素特征
布艺 织物 窗帘	 东南亚亚麻质地黑底大花窗帘	东南亚风格的窗帘强调垂感，大幅的简洁落地窗帘可以衬托室内装饰的大气。窗帘色彩一般以自然色调为主，以饱和度较低的酒红、墨绿、土褐色等最为常见
地毯	 东南亚彩色复古手工打结丝毯、客厅/卧室地毯	亚麻质地的地毯，带有浓浓的自然原始气息，根据空间基调选择妩媚艳丽的色彩和抽象的几何图案，休闲妩媚并具有神秘感，展现绚丽的自然风情

类型	图例	元素特征
纱幔		纱幔妩媚而飘逸，是东南亚风格家居不可或缺的装饰，既能起到遮光的功效，也可以点缀卧室空间
靠枕	① ② ①东南亚靠枕 ②东南亚腰枕／纹理民族沙发靠枕	艳丽的泰靠枕是沙发或床的最佳装饰，明黄、果绿、粉红、粉紫等香艳的色彩化作精巧的靠垫或靠枕，跟原色系的家具相衬

类型	图例	元素特征
软装饰品摆件	 ①东南亚镇宅纳福饰品摆设风水摆件 ②东南亚木雕工艺泰国客厅装饰摆件 ③东南亚泰佛铜艺客厅装饰摆件	东南亚风格的摆件多为具有当地文化特色的纯天然材质的手工艺品。如粗陶摆件，藤或麻制成的装饰盒或相框，大象、莲花、棕榈等造型摆件
壁饰	 ①东南亚泰国实木雕花大象家居壁饰 ②东南亚风格墙壁装饰挂件门楣壁饰 ③东南亚风格墙上装饰品客厅壁饰	东南亚风格的软装元素在精而不在多，注意留白和意境，营造沉稳大方的空间格调，选用少量的木雕工艺饰品和铜制品点缀

类型	图例	元素特征
花艺	 ①摆放花艺 ②海草编织收纳篮 ③ Metal Wall Plaque	选用大叶片的观叶类植物作为装饰，类似芭蕉叶的滴水观音。在装有少量水的托盘或者青石缸中撒上玫瑰花瓣，可打造出东南亚水漂花的浪漫感
装饰画	 象王复古装饰画／东南亚挂画大象壁画	以热带风情的花草图案为主，塑造华丽繁盛的气氛。选择能代表东南亚文化的动物图案可提升东南亚风情，比如孔雀、大象等

任务二
制作东南亚风格软装方案文本

能够综合运用所学知识，制作东南亚风格软装设计方案文本。

一、东南亚风格定位方案文本制作流程

1. 确定个性特征

（1）与客户探讨东南亚装饰风格个性特征。

（2）尊重硬装风格偏向，明确东南亚风格定位，尽量通过软装饰的合理搭配完善和弥补硬装修的缺陷。

2. 选定造型特征

（1）东南亚风格设计追求自然、原始的氛围，将具有东南亚民族特色的元素运用到家居中。

（2）东南亚风格是传统工艺、现代思维、自然材料的结合，倡导繁复工艺与简约造型的结合，设计充分利用传统元素。

3. 选定色彩特征

根据客户需求，从多种东南亚风格常用配色中选定本方案的色彩特征。如图 7-1 所示。

4. 选定材质特征

在装饰材料上，东南亚风格常使用实木，特点是稳固扎实，长久耐用。如图 7-2 所示。

色彩中含有浓郁鲜艳带有强烈的原始部落的民族风情，东南亚地区热带资源是非常丰富的，会有很多色彩鲜艳的花、果、叶、植物。因此当地的原始部落会从这些自然中提取灵感，运用到他们的生活当中，所以东南亚色彩上也会有这种热情的民族风情的色彩。

图 7-1

家具设计与软装搭配

【材质分析】–STYLE ORIENTATION

粗放的生长模式一再超出了传统理论的预期，喧嚣的俗世，我们都需要有适合自己的地方，用来安放自己的灵魂。也许是一种安静宅院，也许是一本经书，也许是窗外的阳光和自然，这都是驿站，让我们守住内心那一方灵台明镜，静心向暖。

图 7-2

5. 选定软装产品示意图片

根据以上 4 点内容，选择适合的软装产品示意图片。产品从家具、装饰摆件、布艺、花艺与绿植、装饰画等多个方面选择。如图 7-3 所示。

产品分析

家具　　　　装饰摆件　　　　布艺　　　　花艺与绿植　　　　装饰画

图 7-3

6. 图文并茂设计版式

参考新中式风格软装方案文本制作流程和操作步骤。

二、东南亚风格方案案例赏析（图 7-4、图 7-5）

图 7-4

东南亚风格是多岛屿特色的精致文化，因为其自然纯朴，色彩厚重艳丽而闻名。本项目的户型装修使用浓厚的青绿色背景墙，适当比例的运用成为家庭的点缀。

图 7-5

08 单元
地中海软装设计风格

引言

    地中海风格的美，包括海与天明亮的色彩，仿佛被水冲刷过后的白墙、薰衣草、玫瑰、茉莉的香气，路旁奔放的成片花田色彩，历史悠久的古建筑，土黄色与红褐色交织而成的强烈民族性色彩。西班牙蔚蓝海岸与白色沙滩，希腊白色村庄在碧海蓝天下闪闪发光，意大利南部向日葵花田在阳光下闪烁的金黄，法国南部薰衣草飘来的蓝紫色香气，北非特有的沙漠及岩石等自然景观的红褐、土黄的浓厚色彩组合，取材于大自然的明亮色彩。本单元主要讲解软饰设计的地中海风格，并能运用其风格元素特征辨识软装设计产品；从而制作新地中海风格的软装设计方案文本。

    接下来就让我们一同来学习地中海软装设计风格。

定义

    地中海风格：多采用柔和的色调和大气的组合搭配，包括彩色瓷砖、铸铁把手、厚木门窗、阿拉伯风格水池。

学习目标

1. 在不参考任何书籍及资料的情况下，能够阐述地中海软装设计风格元素特征，辨识地中海风格的软装设计产品。
2. 能够综合运用所学知识，制作地中海风格的软装设计方案文本。

任务一
辨识地中海软装设计风格元素特征

在不参考任何书籍及资料的情况下，能够阐述地中海软装设计风格元素特征，辨识地中海风格的软装设计产品。

地中海软装设计风格的基础是明亮、大胆、色彩丰富、简单、民族性等特色，是海洋风格室内设计的典型代表，具有自由奔放、多彩明媚的特点。重现地中海风格不需要太多的技巧，而是保持简单的理念，捕捉光线、取材大自然，大胆而自由地运用色彩、样式，见表 8-1。

表 8-1　地中海软装设计风格元素特征

类型	图例	元素特征
色彩搭配	 RGB 252 239 169　RGB 98 99 142　RGB 166 167 169	法国地中海风格以薰衣草的蓝紫色为代表

（续表）

类型	图例	元素特征
色彩搭配	 RGB 0 64 110　RGB 149 97 50　RGB 140 165 196	西班牙、希腊地中海风格以蓝色与白色为代表，这也是地中海风格最典型的色彩搭配方案，两种颜色都具有清新自然的浪漫气息
	 RGB 234 224 136　RGB 116 52 25　RGB 159 167 55	意大利地中海风格以金黄向日葵花色为代表

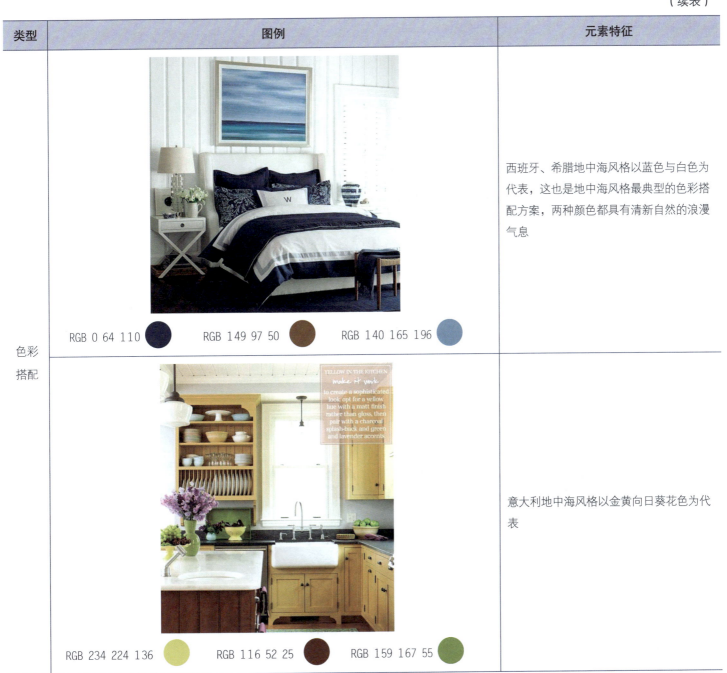

类型	图例	元素特征
家具类型	 ①彩绘玄关柜子 ②地中海风格简约现代主卧实木双人床	地中海风格家具重视对木材的运用并保留木材的原色，古旧的色彩，如土黄、棕褐色、土红色等也比较常见，家具材质一般选用自然的原木、天然的石材或者藤类
照明灯饰	 地中海风格灯具	地中海风格灯具常使用蓝色玻璃制作成透明灯罩，具有非常绚烂的明亮感，让人联想到阳光、海岸、蓝天

类型	图例	元素特征
布艺织物窗帘	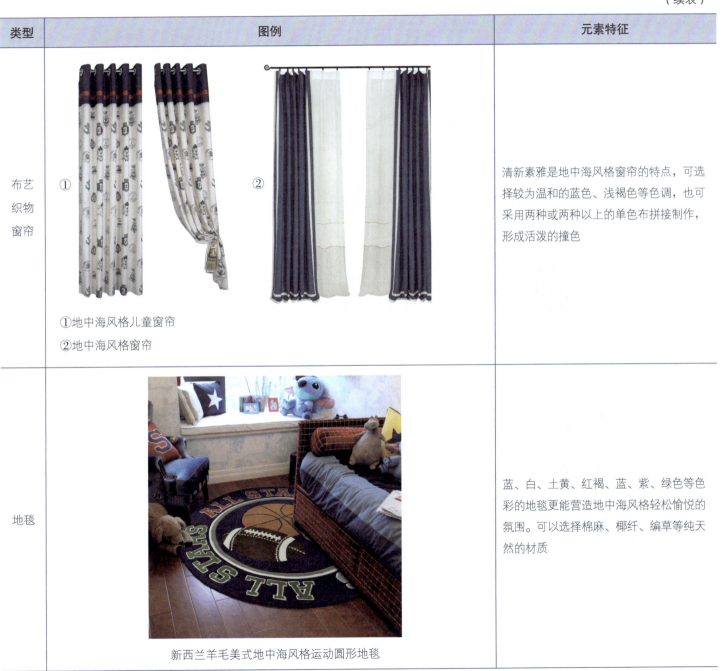①地中海风格儿童窗帘 ②地中海风格窗帘	清新素雅是地中海风格窗帘的特点，可选择较为温和的蓝色、浅褐色等色调，也可采用两种或两种以上的单色布拼接制作，形成活泼的撞色
地毯	新西兰羊毛美式地中海风格运动圆形地毯	蓝、白、土黄、红褐、蓝、紫、绿色等色彩的地毯更能营造地中海风格轻松愉悦的氛围。可以选择棉麻、椰纤、编草等纯天然的材质

类型	图例	元素特征
床品	 美式地中海风格床品	床品材质通常采用天然的棉麻。蓝白是地中海风格最主要的色彩，无论是条纹还是格子的图案都能让人感受到大自然柔和的魅力
靠枕	 ①现代地中海风格蓝白条纹靠枕 ②地中海风格异形小船靠枕	靠枕多选用棉麻材质布艺，棉麻材质天然环保、吸水性好，极具自然感。纹样上可以选择蓝白条纹、浅色格子以及小花朵等图案

类型	图例	元素特征
软装饰品摆件	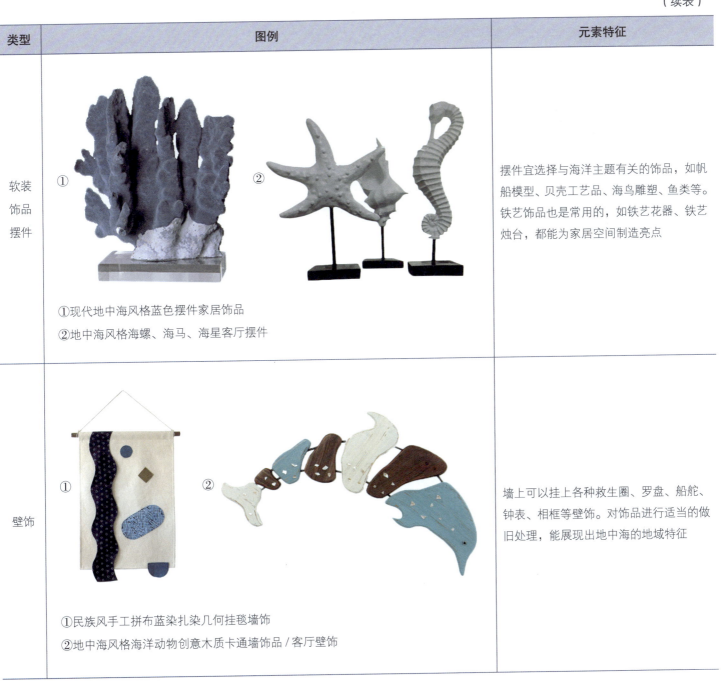①现代地中海风格蓝色摆件家居饰品 ②地中海风格海螺、海马、海星客厅摆件	摆件宜选择与海洋主题有关的饰品，如帆船模型、贝壳工艺品、海鸟雕塑、鱼类等。铁艺饰品也是常用的，如铁艺花器、铁艺烛台，都能为家居空间制造亮点
壁饰	①民族风手工拼布蓝染扎染几何挂毯墙饰 ②地中海风格海洋动物创意木质卡通墙饰品 / 客厅壁饰	墙上可以挂上各种救生圈、罗盘、船舵、钟表、相框等壁饰。对饰品进行适当的做旧处理，能展现出地中海的地域特征

家具设计与软装搭配

类型	图例	元素特征
花艺	① 地中海风格浪漫风信子装饰 ② 地中海风情摆放花卉蕨类草丝 ③ 艺术插花	地中海风格常使用爬藤类植物装饰家居，利用精巧曼妙的绿色盆栽让空间显得绿意盎然。简单插在陶瓷、玻璃以及藤编花器中的小束鲜花或者干花可以丰富空间的色彩
装饰画	① 厨房风景地中海风格装饰画 ② 卧室植物花卉地中海风格装饰画 ③ 地中海风格客厅/餐厅/卧室背景墙有框装饰画壁画	装饰画以静物为主题，如海岛植物、帆船、沙滩、鱼类、贝壳、海鸟、蓝天白云，以及圣托里尼岛上的蓝白建筑，都能给空间制造些许浪漫情怀

任务二
制作地中海风格软装方案文本

能够综合运用所学知识，制作地中海风格软装设计方案文本。

一、地中海风格定位方案文本制作流程

1. 确定个性特征

（1）与客户探讨地中海装饰风格个性特征。

（2）尊重硬装风格偏向，明确地中海风格定位，尽量通过软装饰的合理搭配完善和弥补硬装修的缺陷。

2. 选定造型特征

（1）地面可以选择纹理比较强的鹅黄仿古砖，甚至可以使用水泥自流平，墙面可以刷出肌理感，顶面可以选择木制横梁。

（2）空间结构上充分利用拱形结构，延展空间并增添趣味性，赋予生活更多的情趣。

3. 选定色彩特征

根据客户需求，从多种地中海风格常用配色中选定本方案的色彩特征。如图 8-1 所示。

【色彩分析】–COLOR ANALYSIS

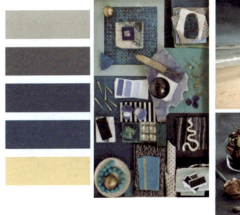

图 8-1

4. 选定材质特征

在装饰材料上，地中海风格常使用实木，特点是稳固扎实，长久耐用。如图 8-2 所示。

5. 选定软装产品示意图片

根据以上 4 点选定内容，选择符合的软装产品示意图片，产品从家具、布艺、照明灯饰、摆设、装饰画、花艺绿植、案例小景等多个方面选择。如图 8-3 所示。

风格解析
Style Orientation

地中海风格

以海洋的蔚蓝色为基色调的颜色搭配方案，自然光线的巧妙运用，富有流线及梦幻色彩的线条等软装特点来表述其浪漫情怀

DESIGN

地中海风格是类海洋风格装修的典型代表，因富有浓郁的地中海人文风情和地域特征而得名。地中海风格装修是富有人文精神和艺术气质的装修风格。它通过空间设计上的连续的拱门、马蹄形窗等来体现空间的通透，用栈桥状露台、开放式房间功能分区体现开放性，通过一系列开放性和通透性的建筑装饰语言来表达地中海装修风格的自由精神内涵

图 8-2

图 8-3

6. 图文并茂设计版式

参考新中式风格软装方案文本制作流程和操作步骤。

二、地中海风格方案案例赏析（图 8-4）

图 8-4

09 单元
现代简约软装设计风格

引言

现代简约风格是比较流行的一种风格，追求时尚与潮流，非常注重居室空间的布局与使用功能的完美结合。提倡突破传统，创造革新，重视功能和空间组织，注重发挥结构构成本身的形式美，造型简洁，反对多余装饰，崇尚合理的构成工艺；尊重材料的特性，讲究材料自身的质地和色彩的配置效果；强调设计与工业生产的联系。本单元主要讲解软装设计的现代简约风格，并能运用其风格元素特征辨识软装设计产品；制作现代简约风格的软装设计方案文本。

接下来就让我们一同来定位现代简约软装设计风格。

定义

现代简约风格：具有非常典型和鲜明个性的主观特色，简单的几何、直线元素拼铺，让艺术与实用功能得到高度融合。

学习目标

1. 在不参考任何书籍及资料的情况下，能够阐述现代简约软装设计风格元素特征，辨识现代简约风格的软装设计产品。
2. 能够综合运用所学知识，制作现代简约软装设计方案文本。

任务一
辨识现代简约软装设计风格元素特征

在不参考任何书籍及资料的情况下，能够阐述现代简约软装设计风格元素特征，辨识现代简约风格的软装设计产品。

现代简约风格提倡突破传统，创造革新，重视功能和空间组织，注重发挥结构构成本身的形式美，造型简洁，反对多余装饰，崇尚合理的构成工艺；尊重材料的特性，讲究材料自身的质地和色彩的配置效果；强调设计与工业生产的联系，见表 9-1。

表 9-1　现代简约软装设计风格元素特征

类型	图例	元素特征
色彩搭配	 RGB 215 209 205　　RGB 40 49 66　　RGB 182 126 81	很多人认为只有白色和黑色才能代表简约，其实，原木色、黄色、绿色、灰色都可以运用于简约风格的家居

类型	图例	元素特征
色彩搭配	 RGB 185 179 171　　RGB 191 169 131　　RGB 118 85 60	近年来，高级灰深受人们的喜欢，灰色元素也常被运用到现代简约风格的室内装饰中
家具类型	① ② 现代布艺双人床 ③ 现代客厅多人沙发 ① 现代餐厅塑料餐椅 ② 现代布艺双人床 ③ 现代客厅多人沙发	现代简约风格的家具线条简洁流畅，直线条的应用也是现代简约风格家具的特点之一

类型	图例	元素特征
照明灯饰	①现代花瓣客厅吊灯 ②现代简约台灯 ③现代极简创意吊灯／圆环设计双圈组合个性客厅、餐厅吊灯	吸顶灯、筒灯、落地灯、精致小吊灯等是常被使用的灯具形式，在材质的选择上以亚克力、玻璃、金属等为主
布艺织物窗帘	现代棉麻窗帘	现代简约风格的空间要体现简洁、明快的特点，所以窗帘的花色不宜繁复。材质上可选择纯棉、麻、丝等肌理丰富的材质

类型	图例	元素特征
地毯	现代土耳其进口灰色地毯	纯色地毯具有素净淡雅的视觉效果，非常适用于现代简约风格的空间。此外，几何图案的地毯简约而又不失设计感，也很适合搭配现代简约风格的家居
床品	现代水洗系列床品套件	简单的纯色床品非常能彰显现代简约的生活态度。白色床品有种极致的简约美，深色床品则让人觉得沉稳安静。在材料上，多采用全棉、白织提花面料

类型	图例	元素特征
靠枕		在现代简约空间中，选择条纹和格子的靠枕肯定不会出错，它能很好地弥补纯色和简单样式带来的乏味感
软装饰品摆件	 ①现代黑色星系摆件　　②现代摆件 ③现代艺术陶瓷摆件	挑选造型简洁的高纯度色彩的摆件，数量上不宜太多，材质上可选择金属、玻璃、瓷器的现代风格工艺品。选择线条简单、造型独特、富有创意和个性的摆件
壁饰	 ①现代简约金属客厅壁饰 ②现代壁饰 ③现代金属人物挂件壁饰	可选择简约风格的挂钟，外框以不锈钢居多，钟面色彩纯净，指针造型简洁大气；挂镜不但具有视觉延伸作用，能增加空间感，还可以凸显时尚气息

类型	图例	元素特征
花艺		白绿色的花艺或纯绿植具有清新纯美的感觉，与简洁干练的现代简约空间是最佳搭配。花器造型以线条简单的几何形状为佳
装饰画		现代简约风格的装饰画的选择范围比较广，最常用的是各种抽象画、概念画。颜色可以与房间主色相同或接近，也可以用黑、白、灰的无彩色，如果选择带亮黄、橘红的装饰画则能起到点亮视觉、暖化空间的效果

任务二
制作现代简约风格软装方案文本

能够综合运用所学知识，制作现代简约风格软装方案文本。

一、现代简约风格定位方案文本制作流程

1. 确定个性特征

（1）与客户探讨现代简约装饰风格个性特征。

（2）尊重硬装风格偏向，明确现代简约风格定位，尽量通过软装饰的合理搭配完善和弥补硬装修的缺陷。

2. 选定造型特征

（1）重视功能和空间组织，注重发挥结构构成本身的形式美，造型简洁，反对多余装饰，崇尚合理的构成工艺。

（2）尊重材料的特性，讲究材料自身的质地和色彩的配置效果。

3. 选定色彩特征

根据客户个性特征，从多种现代简约风格常用配色中选定本方案的色彩特征。如图 9-1 所示。

美轮美奂的色彩在穿插中演绎着时尚情调，使高品质生活情趣在细节中展露无遗，实现色彩的协调性与感官的满足。

图 9-1

4. 选定材质特征

在装饰材料上，现代简约风格常使用实木，特点是稳固扎实，长久耐用。如图9-2所示。

5. 选定软装产品示意图片

根据以上4点选定内容，选择适合的软装产品示意图片，产品从家具、装饰灯具、花艺绿植、装饰壁挂、窗帘靠枕、活动地毯、艺术摆件、日用品等多个方面选择。如图9-3所示。

物料
材质 Floor Plan

MATERIAL BALANCE

材质 平衡颜色

柔软的面料
纹理生动的大理石
明亮的金属
柔色的地板

图 9-2

软装
内容 Floor Plan

软装涵盖内容

家具　　装饰灯具　　花艺绿植　　装饰壁挂　　窗帘抱枕　　活动地毯　　艺术摆件　　日用品

图 9-3

6. 图文并茂设计版式

参考新中式风格软装方案文本制作流程和操作步骤。

二、现代简约风格方案案例赏析（图 9-4、图 9-5）

简约不等于简单，它是经过深思熟虑后经过创新得出设计和思路的延展，不是简单"堆砌"和平淡的"摆放"，不像有些设计师粗浅的理解的"直白"，例如床头背景设计有些简约到只有一个挂件，但是它凝结着设计师的独具匠心，既美观又实用。在家具配置上，白亮光系列家具，独特的光泽使家具倍感时尚，具有舒适与美观并存的享受。在配饰上，延续了黑白灰的主色调，以简洁的造型、完美的细节，营造出时尚前卫的感觉。

图 9-4

图 9-5

10 单元
软装空间布艺选配

引言

　　室内空间最终能呈现出精美的设计效果，是离不开布艺织物的布置与设计的，尤其是在客厅、卧室等布艺织物较多的空间里。从沙发到地毯，从窗帘到床品，都会大面积地设计布艺织物，这其中就涉及布艺织物之间的搭配。布艺织物的样式繁多，有复杂高贵的设计，也有简约朴素的设计。因此，彼此之间的设计与搭配就要寻求风格的统一、样式的统一以及色调的统一。本单元学习要点为窗帘、地毯、床品、靠枕等布艺产品的空间搭配技法和材质信息采集方法。

　　接下来就让我们一同来学习软装空间布艺选配的内容。

定义

　　窗帘：空间内的衬托性软装，用来烘托空间内的家具主题、装饰品主题等。

　　地毯：通常铺设在客厅的沙发下面，餐厅的餐桌下面以及卧室的床尾下面，无论地毯样式多么精美，都要综合考虑旁边的家具来合理搭配。

　　靠枕：广泛地应用于室内的各处空间，包括客厅、卧室以及书房等。靠枕经常搭配组合式沙发、单人沙发、座椅等家具共同出现。

学习目标

1. 能够用自己的语言、思维方式去陈述及评价窗帘的空间搭配案例，编写窗帘造型、材质信息采集表。
2. 能够用自己的语言、思维方式去陈述及评价地毯、床品、靠枕等布艺产品的空间搭配案例，编写产品造型、材质信息采集表。

任务一

掌握窗帘选配技巧

能够用自己的语言、思维方式去陈述及评价窗帘的空间搭配案例，编写窗帘造型、材质信息采集表。

一、窗帘搭配技巧

1. 窗帘的设计要与其他布艺织物相呼应

窗帘在客厅或者卧室的设计中，应结合沙发的布艺、床品的布艺形成呼应式设计。当空间内其他布艺织物的设计样式丰富时，窗帘适合搭配相对简洁的样式；当空间内的布艺织物样式单调时，窗帘适合搭配相对丰富的样式。应将空间的整体设计综合在一个舒适的点上，既富有设计感，又不会显得杂乱。如图 10-1 所示。

2. 窗帘的配色不宜太突出

　　窗帘在空间中占有很大的面积。若窗帘的配色突出，会使空间显得躁动不安，没有主次。实际设计中，窗帘的配色应呼应家具造型与色调，起到衬托的作用。通常情况下，窗帘的色调要突出于墙面的颜色，比家具的颜色略浅最为合适。如图10-2所示。

图 10-2

二、窗帘造型

　　窗户的大小、形状不同，要选用不同的窗帘款式，恰当的窗帘款式可以起到弥补窗型缺陷的作用。随着设计风格的多样化，出现了越来越多造型各异的窗型，不同的窗型需要搭配不同的窗帘，"量体裁衣"才能达到最好的视觉效果，见表10-1。

表 10-1　窗帘造型信息采集表

造型	特点	适用空间	示意图片
普通打褶窗帘	样式比较简洁，无任何装饰，大小随意，悬挂和掀拉都很简单，常用于有窗盒的窗户	客厅 卧室 书房 餐厅	
窗幔帘	花边工艺精致且繁复，装饰效果突出，线条设计优美且有流动感	客厅 卧室 书房 餐厅	
穿管帘	造型简洁，没有多余的累赘装饰花边；窗帘有充足的厚度，下坠的感觉自然舒适	客厅 卧室 书房 餐厅	

造型	特点	适用空间	示意图片
升降帘	类似百叶窗悬挂方法，折叠升高；主要有卷轴帘和百叶帘两种	书房 餐厅 厕所 厨房	
门帘	多采用套杆式，是一种比较常见的挂法，拆装都十分简单，只需将窗帘沿着窗帘杆套入即可	房门 隔断	

三、窗帘材质

可以从窗帘的面料材质和工艺等方面对窗帘进行分类。从面料材质上大致有纯棉、亚麻、尼龙、人造纤维、丝绸以及混合几种材质等。

窗帘的面料选择范围很广，我们在选择时要注重两个方面：一是有厚实感，二是垂感好。传统的窗帘通常由三层面料组成，一层是起装饰作用的布帘、中间一层是遮光帘、再一层是纱帘。窗帘材质信息采集见表 10-2。

表 10-2　窗帘材质信息采集表

材质	特点	适用空间	示意图片
植绒窗帘	植绒面料以布料为底料，正面植上尼龙绒毛或黏胶绒毛，再经加工而成。植绒窗帘具有手感好、挡光度好的特点	客厅 书房 卧室	
亚麻窗帘	亚麻属于天然材质，是由从植物的茎干中抽取出的纤维制造而成的织品，通常有粗麻和细麻之分，粗麻风格粗犷，而细麻则相对细腻一点	客厅 书房 卧室	
棉质窗帘	棉质属于天然的材质，由棉花纺织而成，吸水性、透气性佳，触感亲肤，染色鲜艳	客厅 书房 卧室	

材质	特点	适用空间	示意图片
雪尼尔窗帘	雪尼尔窗帘有很多优点，具有材质本身的优良特性，表面的花形有凹凸感，立体感强。整体看上去高档华丽，具有极佳的装饰性，散发着典雅高贵的气质	客厅 书房 卧室	
纱质窗帘	纱质窗帘装饰性强，透光性能好，能增强室内的纵深感，一般适合在客厅或阳台使用。纱质窗帘遮光能力弱，不适合在卧室使用	客厅 书房 阳台	
绒布窗帘	健康环保、新颖时尚的绒布材质清洗方便，且不易留下褶皱，手感舒适，垂感好	卧室	

家具设计与软装搭配

材质	特点	适用空间	示意图片
丝绸窗帘	质感柔软顺滑，印花工艺，显得高贵奢华，售价较高；质地轻柔，色彩绮丽，有绸、缎、绫、绢等十几类品种	卧室	
塑料百叶窗帘	有较强的遮光效果，透气性强，不怕油烟及水渍	卫生间 厨房 餐厅	
木织窗帘	分为木织、竹织、苇织、藤织几种。自然气息浓郁，有返璞归真的设计效果。基本不透光，但透气性较好	书房 茶室 阳台	

四、窗帘空间搭配

还可以从使用空间方面对窗帘进行分类。大致分为客厅窗帘、餐厅窗帘、卧室窗帘等，见表10-3。

表10-3　窗帘空间搭配

空间	特点	示意图片
客厅窗帘	应尽量选择与沙发相协调的色彩，以达到整体氛围的统一。如果客厅空间很大，可选择风格华贵且质感厚重的窗帘，例如绸缎、植绒面料，质地细腻，又显得豪华富丽，而且具有不错的遮光、隔音效果。如果客厅面积较小，纱质的窗帘能够加强室内空间的纵深感	
餐厅窗帘	餐厅位置如果不受曝晒，一般设置一层薄窗帘即可。窗纱、印花卷帘、阳光帘均为适宜的选择。餐厅窗帘色彩与纹样的选择最好与餐椅的布艺、餐垫、桌旗保持一致。窗帘花色不要过于繁杂，尽量简洁，否则会影响食欲。材质可以选择比较薄的化纤材料，比较厚的棉质材料容易吸附食物的气味	
卧室窗帘	卧室窗帘的色彩、纹样要与床品相呼应，以达到与空间整体协调的目的。通常遮光性是选购卧室窗帘的第一要素，棉、麻质地或者是植绒、丝绸等面料的窗帘遮光性都不错。可以采用纱帘加布帘的组合，外面一层选择比较厚的麻棉布料，用来遮挡光线、灰尘和噪声，营造安静的休憩环境	

任务二
掌握地毯、床品、靠枕选配技巧

能够用自己的语言、思维方式去陈述及评价地毯、床品、靠枕等布艺产品的空间搭配案例，编写其造型、材质信息采集表。

一、地毯

地毯不是空间内的必备品，但却有良好的实用性与精美的装饰美感。地毯通常铺设在客厅的沙发下面、餐厅的餐桌下面，以及卧室的床尾下面。根据设计风格的不同，地毯有多种的样式可供选择，但无论地毯样式多么精美，都要综合旁边的家具来合理搭配。

图 10-3

1. 地毯搭配技巧

（1）满地铺设

满地铺设的地毯作为室内的六个界面之一出现，以素色、暗花和有规律的循环花纹为主，一般不宜使用过于鲜明强烈的花纹和色彩。如图 10-3 所示。

（2）局部铺设

小块局部铺设，一般使用位置为人和家具之间的落脚处，如沙发边、桌脚下、床边、进门处等，可使用色彩鲜明，材质特点突出的地毯。如图 10-4 所示。

地毯不仅具有良好的装饰效果，也能起到划分空间、增强场所感的作用。铺设时，大小要根据房间的大小和家具的大小进行选择，可将地毯局部压在家具的脚下，以固定位置，也可将一组家具全部放置于地毯上，但要求地毯的大小要大于家具整体的投影。如图 10-5 所示。

图 10-4

图 10-5

2. 地毯纹样分类（表10-4）

表10-4 地毯纹样分类

纹样	特点	适用空间	示意图片
花纹地毯	精致的小花纹地毯细腻柔美；繁复的暗色花纹地毯十分契合古典气质。地毯上的花纹一般是欧式、美式等家具上的雕花的图案，可带来高贵典雅的气息	客厅 卧室 书房	
几何纹样地毯	几何纹样的地毯简约又不失设计感，不管是混搭风格还是北欧风格的家居都很适合。有些几何纹样的地毯立体感极强，适合应用于光线较强的房间内	客厅 卧室 书房	
动物纹样地毯	时尚界经常会采用豹纹、虎纹为设计要素。动物纹理天然带着一种野性的韵味，这样的地毯让空间瞬间充满个性	客厅 卧室 书房	
植物花卉纹样地毯	植物花卉纹样是地毯纹样中较为常见的一种，能给大空间带来丰富饱满的效果，在欧式风格中，多选用此类地毯营造典雅华贵的空间氛围	客厅 卧室 书房	

纹样	特点	适用空间	示意图片
条纹地毯	简洁大气的条纹地毯几乎适合于各种家居风格，只要在配色上稍加注意，基本就能适合各种空间	客厅 卧室 书房	
格纹地毯	在软装配饰纹样繁多的空间里，一张规矩的格纹地毯能让热闹的空间迅速冷静下来	客厅 卧室 书房	

3. 地毯材质分类（表 10-5）

表 10-5　地毯材质分类

材质	特点	适用空间	示意图片
纯毛地毯	温暖、隔音、无污染；调湿吸潮、阻燃抗电；弹性最好，使用寿命长	卧室 书房	

材质	特点	适用空间	示意图片
混纺地毯	耐磨性能极好；保温、耐磨、抗虫蛀、强度高	客厅 卧室 书房	
涤纶地毯	耐热，防晒效果好；不易变形，质量好	客厅 卧室 书房	
丙纶地毯	质量轻、弹性好、强度高；耐磨性好，不易变形；造价低廉，性价比高	客厅 餐厅 书房	

材质	特点	适用空间	示意图片
锦纶 地毯	有良好的耐磨性；清洗方便，但容易变形；摩擦易产生静电	客厅 书房	
真皮 地毯	天然环保	客厅 卧室 书房	
麻质 地毯	吸水、吸油性好；外观看起来有质感	卧室 书房	

材质	特点	适用空间	示意图片
纯棉地毯	吸水力佳；材质可塑性佳，可做不同立体设计变化，清洁十分方便；可搭配止滑垫使用	玄关 卧室 书房	
橡胶植绒地毯	有韧性、耐用、美观，使用寿命长；具有止滑功能，有效帮助刮除鞋上尘土；防晒效果好	玄关 卫生间 餐厅	
超细纤维地毯	吸水性好；触感较纯棉地毯更加柔软，纤维密度极小，保养清洁更便利	玄关 卫生间 餐厅	

4. 地毯空间搭配分类（表 10-6）

表 10-6　地毯空间搭配分类

空间	特点	示意图片
客厅地毯搭配	沙发、椅子脚不压地毯边，只把地毯铺在茶几下面，这种铺毯方式是小客厅的最佳选择	
	沙发或者椅子的前半部分压着地毯。这种方式使沙发区域更有整体感，但无论铺设，还是打扫地毯都比较不便	
	大客厅可将地毯完全铺在沙发和茶几下方，用地毯明确定义会客区域。注意沙发的后腿与地毯边应留出 15~20 cm 的距离	

空间	特点	示意图片
卧室地毯搭配	 如果床摆在房间的中间，可以把地毯完全铺在床和床头柜下，一般情况下，床的左、右两边和尾部应分别距离地毯边 90 cm 左右，也可以根据卧室空间大小酌情调整	
	 地毯不压在床头柜下面，床尾露出一部分，通常情况约 90 cm，也可以根据卧室空间自由调整。床左、右两边的露出部分尽量不要比床头柜的宽度窄	
	 如果卧室空间较小，床放在角落，那么可以在床边区域铺设一块条毯或者小尺寸的地毯。地毯的宽度大概是两个床头柜的宽度，长度跟床的长度一致，或比床略长	
	 如果床两边的地毯跟床的长度一致，那么床尾也可选择一块小尺寸地毯，地毯长度和床的宽度一致。地毯的宽度不要超过床长度的一半。或者单独在床尾铺一块地毯	

二、床品

床品套件包括两个枕头、被单、床单等四件单品。在卧室中，最终呈现出来的设计效果很大程度上都取决于床品套件的搭配。因为其占用面积大，基本将床具包裹了起来。因此，床品套件的纹理样式以及色调不宜太突出，不然显得与周围环境格格不入。

1. 床品搭配技巧

（1）床品的风格选择需要与床统一

床露在外面的部分主要是床头以及底座，其他部分都会被床品覆盖住。因此，床品的选择不是单一的，而是要考虑搭配哪种特定风格的床，使两者融合为一个整体。通常情况下，床品的样式可以丰富一些，来营造卧室空间设计的丰富度。

（2）床品的设计样式要与空间设计有呼应

要体现空间的整体设计感，就不单需要床品的样式精美，而且需要床品的样式与空间内的墙面设计、软装搭配相互呼应。比如，墙面选择粘贴花纹壁纸，那么床品应同样搭配花纹样式；地毯选择纹理丰富的样式，床品则应搭配相对简洁的样式等。

2. 床品氛围分类

床品是卧室的最好装饰，搭配得好能给卧室增添美感与活力。现代软装中不再把床品当作耐用品，居住者会选择多套床上用品，依据季节和心情的不同来搭配。掌握一定的搭配技巧，用不同的床品来营造卧室不同的氛围感，无疑是一种既简单又省钱的好方法，见表 10-7。

表 10-7　床品氛围分类

空间氛围	特点	图例
素雅氛围	营造素雅氛围的床品通常采用单一色彩，没有中式的大红大紫，也没有欧式的富丽堂皇。在花纹上，不采用传统的花卉图案，常常是线条简单的经典条纹、格子的纹样	

空间氛围	特点	图例
奢华氛围	营造奢华氛围的床品多采用象征身份与地位的金黄色、紫色、玉粉色为主色调，用料讲究，多为高档舒适的提花面料。丰富饱满的褶皱、精美的刺绣和镶嵌工艺都是奢华床品的常用装饰手法	
自然氛围	搭配自然风格的床品，通常以一种植物花卉图案为中心，辅以格纹、条纹、波点、纯色等，忌多种花卉图案混杂	
梦幻氛围	想要营造梦幻氛围的女孩房床品，粉色系是不二之选，轻盈的蕾丝、多层荷叶花边、蝴蝶结等都是很好的造梦元素	

空间氛围	特点	图例
活泼氛围	格纹、条纹、卡通图案是男孩房床品的经典纹样，强烈的色彩对比能衬托出男孩活泼、阳光的性格特征，面料宜选用纯棉、棉麻混纺等亲肤的材质	
知性氛围	有规则的几何图形能带来整齐、冷静的视觉感受，选用这类的图案打造知性干练的卧室空间是非常不错的选择	
个性氛围	动物皮毛、仿生织物的点缀可以打造十足的个性气息。但要避免大面积使用，否则会让整套床品看起来臃肿浮夸	

空间氛围	特点	图例
简约氛围	搭配耐人寻味的简约风格床品，纯色是惯用的手段，面料的质感是关键，压皱、绗缝、白织提花面料都是非常好的选择	
传统氛围	打造传统氛围的床品可以用纹样体现中式传统文化的韵味，但可以突破传统中式的配色手法，利用这种新旧的撞击制造强烈的视觉印象	

3. 床品材质分类（表 10-8）

表 10-8　床品材质分类

材质	特点	示意图片
纯棉材质	吸水、吸汗，与肌肤的触感舒适自然、健康环保，对人体没有刺激性	

材质	特点	示意图片
亚麻材质	手感略显粗糙，比较适合局部使用，亚麻面料具有抑制细菌生长的天然优良特性	
涤纶材质	由天然纤维和化学纤维混纺而成，舒适度高，质量耐用，容易起球和产生静电	
磨毛材质	面料由高档精梳棉磨毛制作而成，表面有绒感，触摸的舒适度极佳，保温性良好	

材质	特点	示意图片
竹纤维材质	以天然毛竹为原料，经过蒸煮水解提炼而成，亲肤感觉好，柔软光滑，舒适透气，凉爽舒适，适合夏天使用	
真丝材质	外观华丽、富贵，有天然柔光及闪烁效果，弹性和吸湿性很好，强度高，品质高档，售价较高	

三、靠枕

　　靠枕被广泛地设计于室内的各处空间，包括客厅、卧室以及书房等。靠枕经常搭配组合式沙发、单人沙发、座椅等家具共同出现。搭配的家具不同，靠枕会采用不同的样式与材质，以期呈现出惊艳的装饰效果。特点鲜明且能从空间中脱颖而出的靠枕，才是良好的选择。

1. 靠枕搭配技巧

（1）靠枕的样式要突出，能吸引眼球

靠枕不同于窗帘、床品等有较大的覆盖面积，一个靠枕的大小通常只有半平方米不到。因此，在设计中靠枕起到的是点缀效果，而靠枕的样式越突出，配色越大胆，其装饰效果就越明显。但靠枕的搭配也要在合理的范围内，不能完全地孤立出来设计。

（2）靠枕讲求组合式的搭配，而不是单一的点缀

在同一空间内的同一位置上，尽量多摆放几个样式不同的靠枕，使局部空间产生丰富的装饰元素，烘托出空间的整体设计感。几个靠枕摆放在一起，切记不要样式、纹理重复，而是要有冲突变化，来彰显设计的张力。

2. 靠枕搭配设计（表 10-9）

表 10-9　靠枕搭配设计

搭配方式	特点	示意图片
对称摆设	将靠枕对称放置，制造出整齐有序的视觉效果。如根据沙发的大小可以左、右各摆设一个、两个或者三个靠枕，但要注意，在选择靠枕时，除了尺寸，色彩和款式上也应该尽量根据平衡对称的原则进行选择	
随意摆设	在沙发的一侧摆放三个靠枕，另一侧摆放一个靠枕，这种组合方式比对称的摆放更富变化。采取随意摆放时，靠枕的大小、款式以及色彩也应该尽量接近或保持一致，以实现沙发区域的视觉和谐。人总是习惯地把目光的焦点放在右边，将多数的靠枕摆在沙发的右侧	

搭配方式	特点	示意图片
大小摆设	如果靠枕的大小不一样，在摆放时应该遵循远大近小的原则。具体是指越靠近沙发中部，摆放的靠枕应越小。这是因为离人的视线越远，物体看起来越小，反之物体看起来越大。因此，将大靠枕放在沙发左、右两端，小靠枕放在沙发中间，在视觉上更为平稳舒适	 
里外摆设	在最靠近沙发靠背的地方摆放大一些的方形靠枕，然后中间摆放相对较小的方形靠枕，最外面再适当增加一些小腰枕或糖果枕。如此不仅看起来层次分明，而且能提升沙发的使用舒适度。此外，有的沙发座位比较宽，通常需要由里至外摆放几层靠枕垫背，这时也应遵循这条原则	

11 单元

软装空间灯具选配

引言

　　照明设计涵盖了照明灯具、照明光源、照明搭配等方面。不同的空间、不同的设计风格，需要搭配不同的照明灯具与光源。照明设计是将色彩、材质、造型三者完美呈现出来的枢纽。没有照明设计的呼应衬托和突出明暗变化，色彩、材质以及造型很难在空间中相得益彰，成为一个设计整体。照明的灯具充满室内的各处空间，如客厅、卧室以及卫生间等；充满各处平面，如吊顶、墙面以及地面等。由此也就产生了多种的照明种类，常见的主光源是吊灯、吸顶灯；常见的点光源是台灯、筒灯以及壁灯。

　　接下来就让我们一同来学习软装空间灯具选配的内容。

定义

　　吊灯：将所有垂吊下来的灯具都归入吊灯类别。

　　吸顶灯：由于灯具上方较平，安装时底部完全贴在屋顶上，所以我们称之为吸顶灯。

　　壁灯：是安装在室内墙壁上的辅助照明装饰灯具，一般多配用乳白色的玻璃灯罩。

　　台灯：一般指放在桌子上用的有底座的电灯。随着科技的进步，台灯的外观、造型也在不断地发展，并逐渐出现了能够吸附在任意位置的磁吸式台灯，小巧精致，方便携带。

学习目标

1. 能够记住空间常用灯具造型及其搭配特点，编写灯具造型及材质信息采集表。
2. 能够用自己的语言、思维方式陈述及评价软装空间灯具选配原则，编写不同空间灯具选配表。

任务一

采集软装灯具信息

能够记住空间常用灯具造型及其搭配特点，能够编写灯具造型及材质信息采集表。

　　照明的灯具充满室内的各处空间和各处平面。常见的主光源是吊灯、吸顶灯；常见的点光源是台灯、筒灯以及壁灯。其中，比较特别的是卫生间的灯具，通常不是点光源，而是集成式的主光源，如集成吸顶灯、浴霸。掌握这些照明灯具的种类以及适合应用的空间，才能设计出良好的照明效果。

一、吊灯

　　吊灯主要被设计于客厅、餐厅，而这两处空间是最为追求设计效果的空间。因此，吊灯的作用就不仅局限于照明，更重要的是展现出装饰性。由此也就衍生出多种材质、多种样式的吊灯，如水晶吊灯、铁艺吊灯、中式宫灯等，见表11-1。

表11-1　吊灯造型及材质信息采集表

名称	特点	空间搭配图片
烤漆金属吊灯	直接配光 ◎ 拥有良好的耐高温性，照明具有指向性，因为金属材料不透光 ◎ 时尚感强，多被设计于现代、简约等风格中	

名称	特点	空间搭配图片
水晶吊灯	半直接配光 ◎水晶吊灯装饰效果出色，设计丰富 ◎水晶坠的设计提升了光影变化，照明效果绚丽 ◎多被设计于欧式、美式等风格中	
棉麻布艺吊灯	半直接配光 ◎造型简单，材质的质感舒适 ◎光照柔和自然，不刺眼 ◎多被设计于简约、北欧等风格中	
实木框架吊灯	直接配光 ◎结构多样，造型丰富，雕刻工艺精致 ◎有一定的阴光性，有光照阴影 ◎多被设计于中式、新中式等风格中	
竹藤编制吊灯	直接配光 ◎造型具有创意，设计样式自由、不受局限 ◎多被设计于现代、后现代等风格中	

名称	特点	空间搭配图片
透明玻璃吊灯	半直接配光 ◎玻璃有丰富的色彩，造型简洁 ◎照明无死角，光照的延续性强 ◎多被设计于现代、美式乡村等风格中	
天然贝壳吊灯	半直接配光 ◎装饰效果超过实用性，外观设计精美 ◎照明的延续性差，很难充当主光源 ◎多被设计于现代、简约等风格中	
天然云石吊灯	漫射型配光 ◎质感高档，效果奢华，设计样式古朴且富有质感 ◎云石透光性良好，光照柔和舒适 ◎多被设计于欧式、美式等风格中	
亚克力吊灯	半直接配光 ◎材料先进，造型多样，有较高的性价比 ◎拥有良好的透光性，光照柔和 ◎多被设计于现代、简约等风格中	

名称	特点	空间搭配图片
仿烛台吊灯	直接配光 ◎造型样式像蜡烛，烛芯由 LED 灯设计而成 ◎照明的光亮程度取决于蜡烛造型的数量 ◎多被设计于美式、欧式以及北欧等风格中	
几何形体吊灯	直接配光 ◎仿照正方形、三角形以及梯形等造型设计而成 ◎照明不受阻碍，光照面积大 ◎多被设计于现代、后现代等风格中	
仿鸟笼吊灯	直接配光 ◎外形是铁艺或实木编制的鸟笼样式 ◎照明的通透性较差，适合小面积的照明 ◎多被设计于中式、新中式等风格中	
仿鹿角吊灯	漫射型配光 ◎设计灵感来自欧式墙面鹿角装饰，造型新颖别致 ◎光向上的照明效果佳，而底部会有小面积的阴影区 ◎多被设计于美式、北欧等风格中	

名称	特点	空间搭配图片
中式宫灯吊灯	漫射型配光 ◎以现代设计手法重新构造了宫灯的设计样式 ◎光照柔和舒适，照明面积大 ◎多被设计于中式、新中式等风格中	

二、吸顶灯

　　吸顶灯对空间的硬性要求比较低，比如对层高的要求、对空间面积的要求等都较低。吸顶灯除了卫生间，可以被安装在任何一处空间，并且拥有足够的照明亮度，一般作为空间内的主光源来使用。吸顶灯有多种的材质工艺与设计样式，因此其本身具备一定的装饰功能，但相比较吊灯，其装饰性略弱，见表11-2。

表11-2　吸顶灯造型及材质信息采集表

名称	特点	空间搭配图片
不锈钢吸顶灯	◎表面有凹凸的拉丝质感，耐高温且不易变形 ◎光照柔和舒适，不锈钢的包边处不透光 ◎多被设计于现代、后现代等风格中	

名称	特点	空间搭配图片
亚克力吸顶灯	◎黑色外形与吊顶形成设计反差，有强烈的纵深感 ◎光照的覆盖面积受局限，不适合面积太大的空间 ◎多被设计于简约、现代等风格中	
水晶吸顶灯	◎装饰效果强，有精致的外观设计 ◎灯光隐藏在水晶柱中，有绚烂的照明效果 ◎多被设计于欧式、简欧等风格中	
布艺吸顶灯	◎设计感强烈，有一定的隔热性 ◎布艺的透光性不同，照明亮度有强弱的区别，但光感柔和 ◎多被设计于北欧、简约等风格中	
光环吸顶灯	◎有圆环、方形环等多种设计样式 ◎有环绕的柔和光感，照射效果温馨静谧 ◎多被设计于简约、北欧等风格中	
仿鸟巢吸顶灯	◎外框采用金属或木材制作，有较高的稳固性 ◎照明亮度充分，可局部照明，也可大面积照明 ◎多被设计于北欧、简约等风格中	

名称	特点	空间搭配图片
仿花瓣吸顶灯	◎ 形体圆润，造型像花朵一样精美 ◎ 照明亮度高，无照明死角 ◎ 多被设计于田园、美式等风格中	
童趣吸顶灯	◎ 色彩艳丽，搭配方式多样，装饰性强 ◎ 灯光照明绚丽，光晕丰富 ◎ 多被设计于地中海、田园等风格中	

三、台灯

台灯被设计于客厅中起到的主要作用是装饰，照明则以辅助空间的光影变化为主；台灯被设计于卧室、书房中便具备了较高的实用性，即作为书桌前的主灯来使用。当台灯注重实用性时，对光源的强弱变化有较高的要求；相反，当台灯注重装饰性时，光源采用普通的、暖光的灯泡即可，见表11-3。

表11-3　台灯造型及材质信息采集表

名称	特点	空间搭配图片
布艺台灯	◎ 样式简洁、不花哨，易于搭配客厅里的沙发、窗帘等软装 ◎ 光感柔和微弱，适合局部照明 ◎ 多被设计于东南亚、美式乡村等风格中	

（续表）

家具设计与软装搭配

152

名称	特点	空间搭配图片
陶瓷台灯	◎色彩丰富，样式高贵奢华，有出色的装饰效果 ◎横向照明柔和，纵向照明有光斑 ◎多被设计于法式、中式等风格中	
玻璃台灯	◎玻璃可以做灯罩、灯柱以及底座，实用性高 ◎照明的延伸性好，覆盖面积大 ◎多被设计于北欧、现代等风格中	
艺术造型台灯	◎具有艺术气息，细节工艺精致，装饰效果高贵奢华 ◎照明以暖色黄光为主 ◎多被设计于欧式、法式以及简欧等风格中	
可调节台灯	◎有几处活动节点，可调节高度，材质多为金属 ◎一定范围内照明亮度足，多呈圆形的光斑氛围 ◎多被设计于书房等空间内的书桌上 ◎多被设计于现代、后现代等风格中	

四、落地灯

落地灯往往不是单独存在的,而是和组合沙发、单人座椅等共同出现的。通常情况下,落地灯会被摆放在角落等小面积的空间,而且可以随着使用便捷地移动。有些落地灯也具有明亮的照明度,被设计于客厅或书房,来充当空间内的主光源,代替原本的吊灯、吸顶灯,见表11-4。

表 11-4　落地灯造型及材质信息采集表

名称	特点	空间搭配图片
不锈钢落地灯	◎打理方便,造型富有现代感 ◎向下照明的亮度充足,向上则有光斑 ◎多被设计于现代、后现代等风格中	
实木支架落地灯	◎实木材质支撑稳固,重量轻,便于移动 ◎照明亮度高,灯光温馨舒适 ◎多被设计于北欧、简约等风格中	
塑料落地灯	◎塑料材质轻便,底座采用金属材质,保证了灯具的稳固度 ◎照明有良好的指向性,向下照明亮度足 ◎多被设计于现代、后现代等风格中	

名称	特点	空间搭配图片
彩色玻璃落地灯	◎色彩绚丽，有复古感，装饰性出色 ◎照明的光感多变、微弱，有静谧感 ◎多被设计于美式、田园等风格中	
屏风落地灯	◎既可作为屏风使用，又具有落地灯的实用功能 ◎照明无死角，光照亮度足、面积大 ◎多被设计于中式、新中式等风格中	

五、壁灯

壁灯主要被设计于客厅、餐厅以及过道等空间，很少被设计于卧室以及书房里。在筒灯面世之前，壁灯是最主要的装饰性点光源，起到烘托空间氛围的作用。因此也就决定了壁灯的作用，即装饰性第一，其次才是照明的实用性，见表11-5。

表 11-5　壁灯造型及材质信息采集表

名称	特点	空间搭配图片
玻璃壁灯	◎磨砂处理后的玻璃罩面有柔和的质感 ◎灯光照明不刺眼，亮度微弱柔和 ◎多被设计于美式、法式等风格中	

名称	特点	空间搭配图片
金属壁灯	◎采用金属框架，上面涂刷做旧的金属漆，效果高贵奢华 ◎向上照明亮度足，照明实用性较高 ◎多被设计于欧式、法式等风格中	
铁艺壁灯	◎具有轻快的色调和出色的装饰效果 ◎照明光感柔和舒适，散光性良好 ◎多被设计于田园、地中海等风格中	
水晶吊坠壁灯	◎有很强的装饰效果，与其他灯具呼应，设计效果良好 ◎灯光照明微弱，温暖舒适 ◎多被设计于欧式、法式等风格中	
亚克力壁灯	◎重量轻，造型简洁，磨砂表面质感舒适 ◎照明无死角、不刺眼，光感冷暖可调 ◎多被设计于简约、北欧等风格中	

名称	特点	空间搭配图片
创意壁灯	◎表面可定制多种装饰图案 ◎照明范围小，灯光微弱，装饰性强 ◎多设计于北欧、简约等风格中	
工业造型壁灯	◎具有现代感、时尚感，运用的材料新颖、有创意 ◎照明亮度高，有较大的照射范围 ◎多被设计于现代、后现代等风格中	
烤漆壁灯	◎常见的有黑色烤漆、白色烤漆，彩色烤漆较少 ◎照明的指向性强，照明的方向可以转动 ◎多被设计于后现代、现代等风格中	
雕花壁灯	◎金属雕花效果奢华，精致高贵 ◎向下照明亮度强，向上则有微弱的光斑 ◎多被设计于欧式、法式等风格中	

名称	特点	空间搭配图片
藤编壁灯	◎造型富有创意与自然感 ◎照明的光影变化丰富 ◎多被设计于东南亚、北欧等风格中	
功能性壁灯	◎壁灯底座被设计为托盘，里面可以放置食物以及杂物 ◎照明亮度充足，多为白光 ◎多被设计于简约、北欧等风格中	

任务二

选配居住空间灯具

能够用自己的语言、思维方式陈述及评价软装空间灯具选配原则，能够编写不同空间灯具选配表。

一、客厅照明灯具选配

客厅的照明设计层级变化很多，不仅要考虑会客时的明亮度，也要考虑娱乐时的丰富光影变化。因此，设计时客厅内的主光源往往硕大明亮，辅助照明的点光源则种类多样，光影斑驳。面对不同的客厅类型，其照明设计又有着不同的设计形式，比如挑高型客厅注重纵向空间的照明，而采光不良型客厅则注重点光源的补充照明等，见表11-6。

表11-6　客厅照明设计灯具选配表

适用空间	设计方式	特点	选配图片
挑高型客厅	高纵深吊灯 + 照明筒灯 + 装饰型射灯、灯带	◎ 高纵深吊灯使得客厅内照明均匀，不会发生局部明亮、局部昏暗的情况 ◎ 照明筒灯适用于大面积客厅，用于吊灯不能覆盖区域的照明，吊灯发白光，装饰型灯带就要设计为白光	
	照明筒灯 + 装饰型射灯、灯带	◎ 常被称为无主灯设计，适用于现代简约风格 ◎ 照明筒灯适用于大面积客厅和自然采光好的客厅空间	

适用空间	设计方式	特点	选配图片
采光不良型客厅	白光主灯 + 补光灯带	◎ 发白光的主灯照明可补充客厅内缺少的自然光，而且白光的照明亮度足，不会使客厅显得昏暗、无光彩 ◎ 避免客厅昏暗最好的办法便是大面积地设计补光灯带，提亮效果出色	
采光不良型客厅	高功率主灯 + 补光筒灯	◎ 主灯的功率越大，照明亮度越强，光衰越小，对客厅照明就越充分 ◎ 筒灯呈一定规律均匀地分布在吊顶中，可使客厅内的照明均匀明亮，没有照明死角，不会有明显的明暗变化	
客餐厅一体式	相同款式主灯 + 区域分隔灯带	◎ 主灯的设计样式相同，可最大化保持客餐厅照明设计的统一性 ◎ 分区域地设计灯带，对客餐厅有隐性的分隔效果，使两处空间拥有独立的照明环境，互不影响	
客餐厅一体式	不同款式主灯 + 合围式灯带 + 装饰型射灯	◎ 不同款式主灯适合被设计于客餐厅面积较小的空间，以灯具的不同样式突出两种空间不同的功能性 ◎ 客厅的主灯要大，且照明亮度强；餐厅的主灯则相对较小，才能突出照明设计的主次变化 ◎ 射灯照射在墙面上产生的光斑有助于提升照明设计的纵深变化，提升照明设计的趣味性	

二、餐厅照明灯具选配

　　餐厅内的照明设计主要以餐桌为中心来布置。大的原则是中间亮，逐渐地向四周扩散而减弱。同时，餐厅的主灯往往选择下吊很低的吊灯，其目的是将光源集中在餐桌上，使被灯光照射的菜肴看上去更加美味，增加人们的食欲与进餐时愉悦的心情。然而，不同类型的餐厅，也有着不同的照明侧重点，比如独立式餐厅的照明更具整体性，敞开式餐厅的照明覆盖面积更广等，见表11-7。

表 11-7　餐厅照明设计灯具选配表

适用空间	设计方式	特点	选配图片
敞开式餐厅	无主灯点光源 + 补光灯带	◎ 光源的数量以及分布位置需要多且全面，才能为餐桌提供足够的、无死角照明效果	
	餐吊主灯 + 周围配饰型光源	◎ 餐吊主灯首先应具有精美的设计样式，并可成为空间内的视觉主题 ◎ 餐吊主灯的照明需要柔和舒适，而不是明亮刺眼	

适用空间	设计方式	特点	选配图片
独立式餐厅	高亮度主灯＋围合式灯带	◎ 独立式餐厅的面积一般较大，因此内部需要设计高亮度的主光源，使主灯的照明可以覆盖空间内的每一处角落 ◎ 围合式的灯带设计，有方形、圆形以及椭圆形等样式，具有较高的装饰性，与主灯的结合设计效果良好	
一体式餐厨空间	装饰主灯＋装饰灯带	◎ 主灯的悬吊位置应设计于餐桌的正上方，而不是餐厨空间的中心 ◎ 均匀分布的筒灯设计，可使面积较大的一体式餐厨空间接收匀称的照明亮度	
	各自独立式主灯及筒灯	◎ 这种照明设计可使一体式餐厨空间形成隐性的照明分隔。其中，主灯负责餐厅的照明，而筒灯则负责厨房的照明	

三、卧室照明灯具选配

在设计中，卧室善用点光源来营造光影变化，用主光源来为空间提亮，形成功能区分明确的照明设计。但无论设计哪一种灯具或光源，都强调照明的柔和与舒适，很少设计照明强烈且刺眼的灯具。对于一些带有书房或衣帽间的卧室，照明设计则突出隐性的光影分隔，用来区别出主体的睡眠区与功能区，见表11-8。

表11-8　卧室照明设计灯具选配表

适用空间	设计方式	特点	选配图片
南向卧室	无主灯设计 + 补光照明灯带	◎ 朝南向的卧室有充足的自然光线，即使在下午，也不会昏暗。因此，不设计主灯并不会对卧室照明产生太大的影响 ◎ 大面积地设计暖光或白光灯带，可起到良好的补光效果，为卧室提供柔和的照明亮度，而不会破坏静谧的居室氛围	
	单盏吸顶灯 + 装饰性灯带	◎ 吸顶灯不会带给卧室压抑感，同时吸顶灯的照明柔和，亮度适中，适合朝南向的卧室 ◎ 灯带的设计主要是为了避免卧室的整体照明单调乏味，提升空间内照明的趣味性	
北向卧室	高亮度主灯 + 补光筒灯和射灯	◎ 北向卧室一般较阴暗，因此内部需要设计高亮度的主光源，使主灯的照明可以覆盖空间内的每一处角落 ◎ 围合式的灯带设计，有方形、圆形以及椭圆形等样式，具有较高的装饰性，与主灯的结合设计效果良好	

四、书房照明灯具选配

书房主要用来看书或者临时性的办公，因此空间内的照明设计对眼睛的保护要求很高。书房整体的照明亮度不能过低，同时不能设计一些光线刺眼的灯具，尤其在书桌的周围，灯光的照明亮度需要充足且柔和舒适，对视力起到保护作用，见表11-9。

表 11-9 书房照明设计灯具选配表

适用空间	设计方式	特点	选配图片
学习型书房	可调节台灯 + 照明筒灯	◎ 可调节台灯具有可随意调节高度与转动位置等优点，方便书桌上的照明需要 ◎ 照明筒灯不同于台灯的局部照明，其负责书房内的整体照明，用于提亮空间	
	小巧吊灯 + 补光筒灯	◎ 小巧吊灯只负责书桌以及周围的局部照明，其照明亮度柔和，光感白皙细腻。集中的照明效果利于专注的阅读 ◎ 小巧吊灯取代了台灯，增加了书桌的使用面积 ◎ 筒灯用于书房内的补光	

适用空间	设计方式	特点	选配图片
会客型书房	精致主灯 + 灯带、射灯	◎ 首先主灯样式要精致，有装饰美感，有充足的照明亮度，与灯带的光色要保持统一 ◎ 射灯应被设计于墙面造型、装饰画或书柜的正上方，有明显的光斑变化	
	灯带、射灯 + 装饰性台灯	◎ 灯带用于书房的主要照明，而筒灯或射灯则用于补光，来提升光影变化 ◎ 由于会客的需要，台灯的装饰性比功能性更突出，一盏设计精美的台灯，往往可以成为书房内的设计亮点	

五、厨房照明灯具选配

厨房内的照明设计，相比较其他空间简单了很多，不强调光影的丰富变化，也不强调灯光的温馨与静谧，而是突出照明的实用性，即照明的亮度足、无死角、使用寿命长。但面对不同类型的厨房，其运用的灯具有很大区别，比如敞开式的厨房多设计筒灯，而封闭式厨房则多设计集成灯，见表 11-10。

表 11-10　厨房照明设计灯具选配表

适用空间	设计方式	特点	选配图片
封闭式厨房	筒灯照明	◎ 当厨房设计石膏板吊顶时，适合安装筒灯组合来为空间照明 ◎ 大尺寸筒灯比较省电，因为安装的少；小尺寸的筒灯亮度足，但有时容易坏	
	集成灯照明	◎ 集成灯通常被设计于集成吊顶的厨房内，光感接近日光照明 ◎ 集成灯有正方形与长方形两种样式，依据不同的空间面积而设计	
	吊柜灯补光	◎ 厨房吊柜下面的空间是照明的死角，吊顶中的主灯不能照射到那里。设计射灯，则能很好地补充局部的照明亮度	
敞开式厨房	小巧吊灯 + 筒灯	◎ 敞开式厨房照明不仅要注意照明亮度，更要注意照明的装饰美感 ◎ 筒灯的光色与吊灯的光色可以彼此区别开，一种选择白光，一种选择暖光	

适用空间	设计方式	特点	选配图片
敞开式厨房	吸顶灯＋筒灯	◎ 厨房内经常产生油烟，影响灯光的照明效果。设计防雾气吸顶灯便可规避这类问题 ◎ 在厨房内的吸顶灯不会很大，需要局部的筒灯来进行补光	

六、卫生间照明灯具选配

　　卫生间照明有几个层级的变化，一是主照明光源，可提亮空间的整体亮度；二是镜前光源，用于局部照明以及日常生活中的频繁使用；三是淋浴光源，其中灯暖浴霸不仅可以提供亮度，还具有温暖的热度。面对不同类型的卫生间，照明也有着细微的不同，如干湿分离卫生间不仅要考虑照明，还要注意照明的装饰美感。见表11-11。

表 11-11　卫生间照明设计灯具选配表

适用空间	设计方式	特点	选配图片
干湿分离卫生间	干区射灯、筒灯＋湿区灯	◎ 射灯或筒灯安装在镜子的正上方，也可取代传统的镜前灯，但需要注意的是，射灯的照明会有轻微的阴影，使镜子中的成像受一定的限制 ◎ 湿区面积小的卫生间，里面安装一盏大尺寸筒灯，便可满足照明需要。有时，灯暖浴霸可取代照明灯	

适用空间	设计方式	特点	选配图片
干湿分离卫生间	壁灯 + 灯带	◎ 壁灯可取代传统的镜前灯，并且拥有更好的装饰效果 ◎ 壁灯的安装位置决定了其照明的柔和效果要远超出传统镜前灯 ◎ 暖光灯带加壁灯的照明组合，可使灯光更加均匀地分布在镜前，使镜子中的成像更好	
传统卫生间	镜后灯带 + 照明主灯或筒灯	◎ 镜后灯带是卫生间照明常用的设计手法，充满创意 ◎ 镜后灯带的功能性较低，因此需要在镜子上方设计必要的辅助光源	
	浴霸集成一体式照明	◎ 只安装在设计了集成吊顶的卫生间中 ◎ 一体式浴霸照明对小面积卫生间起到的作用较大，不适合在大面积的卫生间中设计	

12 单元

软装空间成品家具选配

引言

　　家具在室内软装设计中具有举足轻重的作用，往往在确定了空间基础的风格和色调之后，家具是首要进行选择的软装产品，起着限定和组织室内空间的作用。室内家具标准尺寸最主要的依据是人体尺寸，如人体站姿时伸手的最大活动范围，坐姿时的小腿高度和大腿的长度及上身的活动范围，睡姿时的人体宽度、长度及翻身的范围等都与家具尺寸有着密切的关系。

　　接下来就让我们一同来学习软装空间成品家具选配的内容。

定义

　　家具：广义的家具是室内使用器具的统称。狭义的家具是生活、工作或社会交往活动中供人们坐、卧、躺，或支承与储存物品的一类器具与设备。

　　家具的尺寸感：指家具造型尺寸在特定环境中给人的不同感觉，如开阔、大小、拥挤等。

学习目标

1. 能够记住空间常用家具尺寸及家具空间陈设尺寸，能够编写家具尺寸信息采集表。
2. 能够用自己的语言、思维方式陈述及评价软装空间家具陈设原则，绘制家具布置的空间尺寸图。
3. 能够运用设计软件制作软装空间家具选配方案文本。

任务一
采集家具尺寸信息

能够记住空间常用家具尺寸及家具空间陈设尺寸，能够编写家具尺寸信息采集表。

一、玄关家具

入户玄关柜是放置鞋子、皮包等物品的地方，具备一定的储物功能。通常将其放在大门入口的两侧，至于放在左边还是右边，可以根据大门的推动方向，也就是大门开启的方向来定。一般应放在大门打开后空白的那面墙边，而不应藏在打开的门后。玄关空间比较大的户型入户玄关柜（装饰柜）也可以放在大门口的正对面，见表12-1。

表12-1　玄关家具尺寸信息采集表

家具	尺寸/毫米	图例
鞋柜 （标准柜、折叠薄柜）	标准柜 深 350 ~ 450 宽 800 ~ 1 200 高 650 ~ 1 200 折叠薄柜 深 170 ~ 290 宽 790 ~ 960 高 900 ~ 1 480	

家具	尺寸 / 毫米	图例
鞋柜 （高柜）	下柜高 850 ~ 900 中间留空 350 深 350 ~ 450	
装饰柜	长度无要求，可根据空间 具体规划 深 250 ~ 300 高 450 ~ 1 200	

二、客厅家具

客厅是家庭生活中使用最频繁、动线最复杂、功能最多样的空间之一，它是家庭成员的聚会场所，也是空间组织的重头戏，因而客厅中的家具尺寸要达到舒适、宽敞的要求。合理把控家具与人、家具与家具之间的尺寸关系是进行软装家具选配的基础之一，见表 12-2。

表 12-2　客厅家具尺寸信息采集表

家具	尺寸 / 毫米	图例
沙发 （单人）	宽 860 ~ 1 010 深 600 ~ 700 高 800 ~ 900	
沙发 （双人）	宽 150 ~ 1 800 深 600 ~ 700 高 800 ~ 890	
沙发 （三人）	宽 2 130 ~ 2 440 深 600 ~ 700 高 800 ~ 890	
沙发 （多人）	宽 2 320 ~ 2 520 深 800 ~ 900 高 800 ~ 890	

家具	尺寸 / 毫米	图例
茶几 （小型、长方形）	长 600 ~ 750 宽 450 ~ 600 高 380 ~ 500（380 最佳）	
茶几 （中型、长方形）	长 1 200 ~ 1 350 宽 600 ~ 750 高 380 ~ 500	
茶几 （大型、长方形）	长 1 500 ~ 1 800 宽 600 ~ 800 高 330 ~ 420（330 最佳）	
茶几 （圆形）	直径 750、900、1 050、1 200 高 330 ~ 420	

家具	尺寸/毫米	图例
茶几 （正方形）	边长 900、1 050、1 200、1 350、1 500 高 330～420	
电视柜	长 800～2 000 宽 500～600 高 400～550	
装饰柜	宽 800～1 500 深 350～420 高 150～1 800	

三、餐厅家具陈设

餐厅里面的家具主要以餐桌、餐椅为主，餐桌、餐椅的尺寸是按餐厅的空间大小来确定的，通常餐桌大小不要超过整个餐厅面积的三分之一，见表 12-3。

表 12-3　餐厅家具尺寸信息采集表

家具	尺寸 / 毫米	图例
餐桌 （方桌）	边长 750 ~ 1 200 高 680 ~ 780	
餐桌 （长方桌）	长 1 500 ~ 2 400 宽 800 ~ 1 200 高 680 ~ 780	

家具	尺寸 / 毫米	图例
餐桌 （圆桌）	直径 900 ~ 1 800 高 680 ~ 780	
餐边柜	长 800 ~ 1 800 宽 350 ~ 400 高 600 ~ 1 000	

四、卧室家具陈设

　　卧室最主要的家具是床和衣柜，整体布局的原则是和谐、统一。首先要设计床的位置，然后依据床的位置来确定其他家具的摆放位置。衣柜从制作方法来分类，可分为定制衣柜和成品衣柜，本单元主要讲解成品衣柜，见表 12-4。

表 12-4　卧室家具尺寸信息采集表

家具	尺寸 / 毫米	图例
床 （单人）	长 2 050 ～ 2 100 宽 720 ～ 1 200 高 420 ～ 440	
床 （双人）	长 2 050 ～ 2 100 宽 1 350 ～ 2 000 高 420 ～ 440	
床 （婴儿）	长 700 ～ 1 000 宽 600 ～ 700 高 900 ～ 1 100	
床 （高低）	长 1 920 ～ 2 020 宽 720 ～ 1 000 高 420 ～ 440（层间高大于 980）	

家具	尺寸/毫米	图例
床头柜	长 350 ~ 400 宽 400 ~ 500 高 650 ~ 700	
梳妆台	长 850 ~ 1 200 宽 大于 500 高 710 ~ 760	
斗柜	长 900 ~ 1 350 宽 500 ~ 600 高 1 000 ~ 1 200	
衣柜 （双门）	长 1 000 ~ 1 200 宽 800 ~ 900 高 1 800 ~ 1 900	

家具	尺寸 / 毫米	图例
衣柜 （三门）	长 1 200 ～ 1 350 宽 530 ～ 600 高 1 800 ～ 1 900	

五、书房家具陈设

　　书房空间是有限的，所以单人书桌应以方便工作，并使人实现容易找到经常使用的物品等实用功能为主。一个长长的双人书桌可以给两个人提供同时学习、工作的区域，并且互不干扰。组合式书桌集合书桌与书架两种家具的功能于一体，节约空间，并具有强大的收纳功能，见表 12-5。

表 12-5　书房家具尺寸信息采集表

家具	尺寸 / 毫米	图例
书桌 （单人）	长 900 ～ 1 500 宽 500 ～ 750 高 780	

家具	尺寸／毫米	图例
书桌 （双人）	长 1 200 ～ 2 400 宽 600 ～ 120 高 780	
书柜	长 600 ～ 900 宽 300 ～ 400 高 1 200 ～ 2 200	
壁柜	宽 800 ～ 1 500 深 300 ～ 400 高 1 600 ～ 2 000	

任务二
了解家具布局原则

能够用自己的语言、思维方式陈述及评价软装空间家具陈设原则，能够绘制家具布置的空间尺寸图。

一、家具布置原则

家具布置时最好忘记品牌的概念，建议遵循二八搭配法则。就是空间里 80% 的家具采用同一个风格，而剩下的 20% 可以搭配一些其他款式进行点缀，例如可以选择将一件中式风格家具布置在现代简约风格的空间里面。但有些风格并不能用在一起。例如维多利亚风格的家具与质朴自然的美式乡村风格的家具格格不入，但和同样精致的法式、英式或东方风格的传统家具搭配就很协调；而美式乡村风格的家具和现代简约风格的家具就可以搭配在一起。如图 12-1 所示。

图 12-1

二、家具布置的形势和尺寸

首先，选择家具不能只看外观，尺寸的合适与否也是很重要的。在卖场看到的家具往往会感觉比实际的尺寸小，觉得尺寸应该正合适的家具，拿到家里发现太大的情况时有发生。所以，要仔细测量家中空间和家具的尺寸。其次，室内的家具大小、高低都应有一定的比例。这不仅是为了美观，更重要的是关系到舒适和实用。如沙发与茶几、书桌与椅子等，它们虽然是两件家具，使用时却是一个整体，如果大小和高低比例不当，既不美观，也不实用、舒适。

1. 客厅常见家具布置形式和尺寸

（1）客厅常见家具布置形式（表12-6）

表12-6　客厅常见家具布置形式

形式	适用空间	布置尺寸图 / 毫米
面对面	可随着客厅大小变换沙发及茶几的尺寸，灵活性较强，更适合会客场景	
一字形	适合小户型的客厅使用，元素较为简单	
U形	适用于大面积的客厅，这种团坐的布置方式使得氛围更亲近	

形式	适用空间	布置尺寸图 / 毫米	
L 形	L 形是最常见的布置方式，可以是 "3+2" 或者 "3+1" 的沙发组	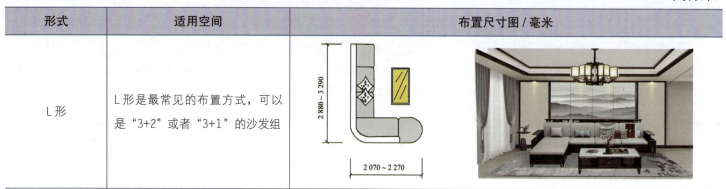	

（2）客厅常见家具尺寸（图 12-2～图 12-6）（尺寸单位 / 毫米）

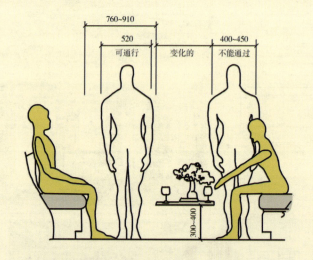

① 若侧身通过，沙发与茶几的距离可以按照 600 ～ 700 的标准来摆放

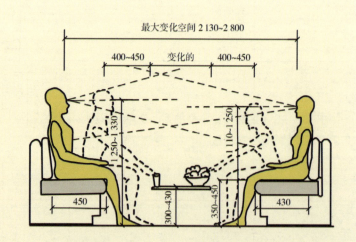

② 坐正时，沙发与茶几的距离可以取 300，但通常以 400 ～ 450 为最佳标准

图 12-2

拐角处沙发布置

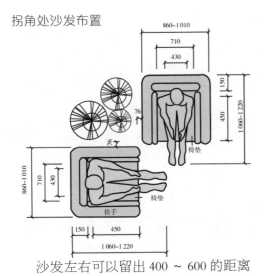

沙发左右可以留出 400 ~ 600 的距离
来摆放边桌或绿植

图 12-3

可同行拐角沙发处布置

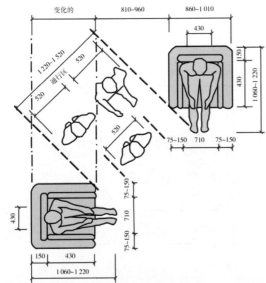

同行宽度可根据人流股数来确定，单股人流通过
按照 520 计算，若是有搬运东西需要的通道，最好能够
留出 800 ~ 900 的空间

图 12-4

视听区尺寸

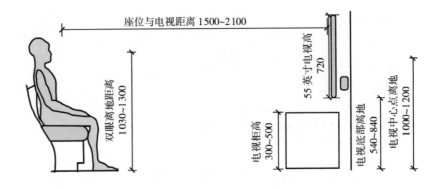

最大电视高度 = 观看距离 ÷1.5   最小电视高度 = 观看距离 ÷3

图 12-5

客厅收纳尺寸

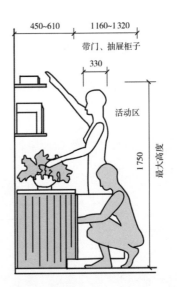

由于拿取东西时需要弯腰或者蹲下，因而需要在柜
子前方预留一定的空间

图 12-6

2. 餐厅常见家具布置形式和尺寸（图 12-7 ~图 12-16）（尺寸单位/毫米）

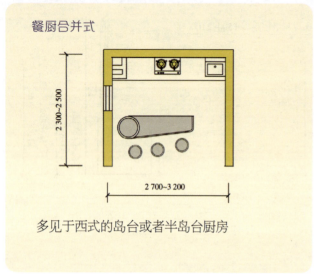

餐厨合并式

多见于西式的岛台或者半岛台厨房

图 12-7

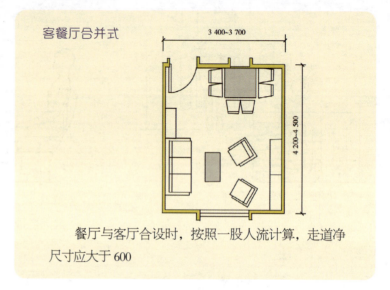

客餐厅合并式

餐厅与客厅合设时，按照一股人流计算，走道净尺寸应大于 600

图 12-8

独立式

分割室内空间时，可以采用纱帘、绿植、矮柜等来获得限定的区域

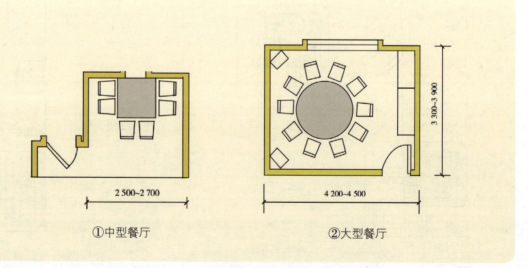

①中型餐厅

②大型餐厅

图 12-9

就餐区尺寸

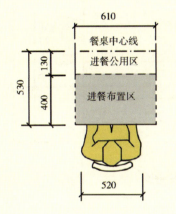

①最小进餐布置尺寸

②最佳进餐布置尺寸

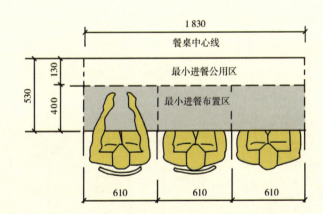

③三人最小进餐布置尺寸

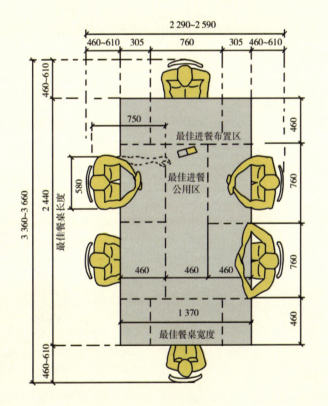

④六人用矩形餐桌尺寸

图 12-10

餐桌宽度

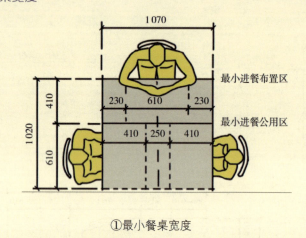

①最小餐桌宽度

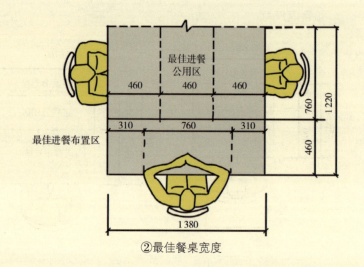

②最佳餐桌宽度

一般来说，一个人所占就餐面积的尺寸为 460×760，可以按照这个标准根据家庭成员人数来确定餐桌尺寸

图 12-11

圆形餐桌尺寸

圆桌很能烘托团聚的氛围，但注意不能将圆桌靠墙布置，以免人无法入座

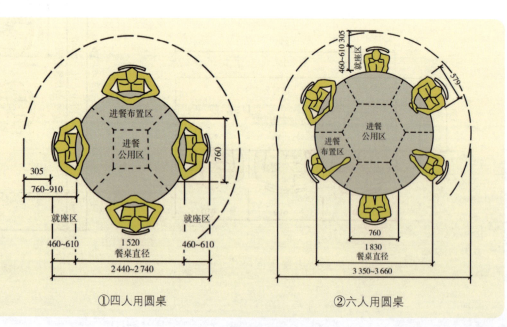

①四人用圆桌　　　　　　　②六人用圆桌

图 12-12

餐桌、餐椅高度

一般椅面高 = 身高 ×0.25－10

桌面高 = 身高 ×0.25－10＋ 身高 ×0.183－10

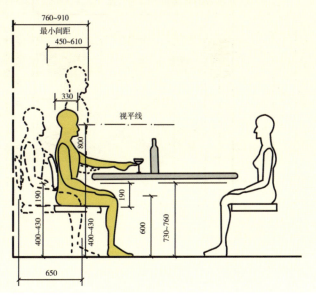

图 12-13

坐轮椅者进餐面高度

乘坐轮椅的人膝盖高度要比正常坐姿人高 40 ～ 50，所以要留意保证餐桌下沿高度足够，从而方便入座

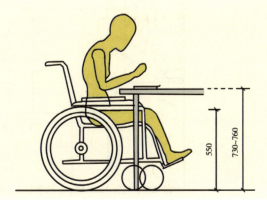

图 12-14

卡座使用尺寸

卡座的后背和座椅下方能够提供储物空间，是增加储物空间的好方式

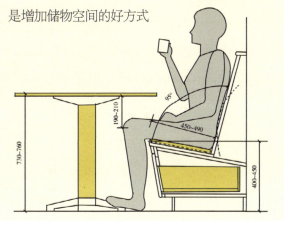

图 12-15

餐厅收纳尺寸

餐厅收纳的家具主要是柜类产品，通常放置一些杂物，如就餐工具、零食饮品、厨房电器等

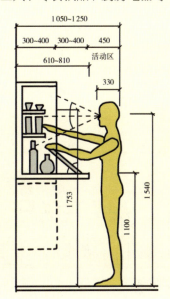

图 12-16

3.卧室常见家具布置形式和尺寸（图 12-17 ~图 12-19）（尺寸单位 / 毫米）

卧室布置尺寸

卧室是供人休憩的地方，具有私密性、静谧性。因而卧室的布置需要尽可能符合人的作息习惯，创造适宜、方便的卧室空间

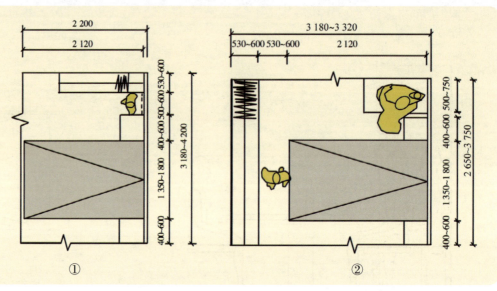

图 12-17

视听区尺寸

床与电视之间的布置尺寸

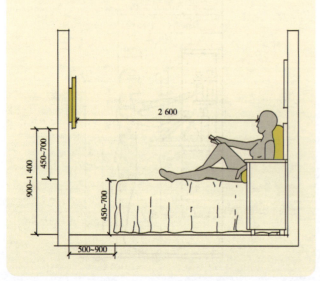

图 12-18

梳妆台尺寸

一般梳妆台的宽度为 600 ~ 780，抽屉的长度为 300 ~ 500，计算时要假如人的宽度为 450

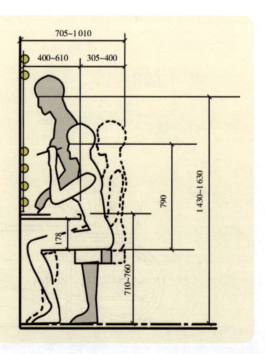

图 12-19

家具设计与软装搭配

任务三

制作空间家具选配方案文本

能够运用设计软件制作空间家具选配方案文本。

常用的软装排版软件有 Photoshop、美间、PPT 等，现在以美间软件为例讲解空间家具方案文本制作步骤。

①打开美间软件，单击软件右上角蓝色按钮"开始设计"，创建方案，如图 12-20 所示。

②选择方案尺寸或根据整体方案需求自定义尺寸，如图 12-21 所示。

图 12-20

图 12-21

③在"我的"中上传方案彩色平面图，如图 12-22 所示。

④选择方案彩色平面图放入家具软装设计方案文本中，如图 12-23 所示。

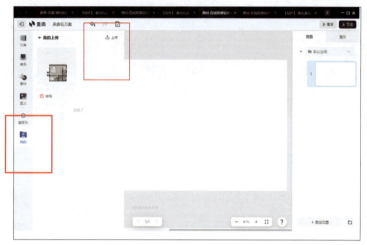

图 12-22

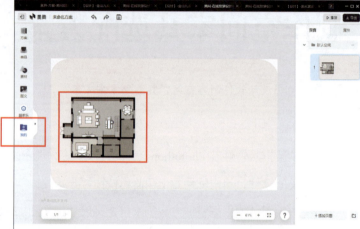

图 12-23

⑤单击"图文"按钮，选择"图形"中的矩形，绘制客厅方位图，如图 12-24 所示。

⑥单击"单品"按钮，在沙发中选择适合的产品进行版面编排，如图 12-25 所示。

图 12-24

图 12-25

⑦单击"图文"按
钮，编辑方案文本，如
图 12-26 所示。

图 12-26

⑧导出文件，形成客厅家具选配方案，如图 12-27 所示。

图 12-27

13 单元
软装搭配项目方案设计与制作技巧

引言

　　软装搭配项目方案（简称软装方案）的制作是软装设计师的核心能力之一，它能充分展现软装设计师的设计思想、设计水平。通过软装方案的文字能看出设计师的文化修养；通过版式能看出设计师的画面组织能力；通过色彩能看出设计师的色彩把控能力；通过选图可以看出设计师的审美修养。软装方案的设计既是整个软装主题思想、软装效果的集中体现，又是软装设计师设计水平的集中表现，其重要性不言自明。本单元主要讲解软装方案的内容和软装方案的美学秘籍。

　　接下来就让我们一同来学习软装方案设计与制作技巧的内容。

定义

　　封面：是整个方案的一部分，其字体、色彩和图片等应当与后文内容保持高度一致。

学习目标

1. 阐述软装方案内容，能运用自己的设计思维能力编排软装方案。
2. 能够分析与评价软装方案的美学秘籍，正确运用到自己的方案中。

任务一

编排软装搭配项目设计方案

阐述软装方案内容，能运用自己的设计思维编排软装方案。

一、软装方案的内容

1. 封面

　　封面的形式可以多样化，但大多数以呈现方案为主，如图 13-1 所示。当然，也有以公司形象、设计师形象等作为方案封面的。

　　封面设计不能千篇一律，必须与整个方案相统一。有的设计师常常将一个风格的封面应用到所有的软装方案中，虽然公司或设计师会以"统一"的形象展示自己，但同一个封面不一定适合所有方案，因为每个方案的主题、用色、风格等都不尽相同。当最终把方案呈现到客户面前时，从方案的第一页至最后一页都应该留给客户一个高度统一的印象，自始至终营造同一种氛围，诉说同一个主题。封面是整个方案的一部分，所以其字体、色彩和图片等应当与后文内容保持高度一致。

2. 设计师（或设计公司）简介

　　客户往往会因为信赖某个设计公司或优秀设计师而委托其实施软装方案的设计。设计公司往往会将公司的简介放在方案中的主要位置。考虑到设计师的流动性比较大，大多数公司会选择以推荐自己的品牌为主。而个人工作室或设计师本身则会将设计师的简介放在方案中的主要位置。

3. 目录

　　目录在软装方案中不是必需的，因为软装方案大多用 PPT 的方式进行展示。这种形式决定了

图 13-1

软装方案是以渐进方式呈现的，即客户往往是在设计师的引导与讲解下一页一页进行浏览的。目录在印刷品上的作用一般是索引，而在 PPT 软装方案中的作用有两个方面：一是让客户对整个方案的内容一目了然；二是展现设计师的专业精神与水准，以示郑重。如图 13-2 所示。

4. 客户分析

设计要以人为本，软装设计尤其如此。这就需要对用户进行深入的了解，包括家庭人员结构、生活习惯、生活方式、职业、年龄和爱好等。软装设计不是一种摆设，而是实实在在地为人服务，人才是软装设计的真正主体。所以在进行软装设计之前，客户分析是必做的功课，如图 13-3 所示。当然在一些商业项目中会有所不同，需分析的主体不是委托者本人，而是其服务的主体，但依然是以人为本。

图 13-2

图 13-3

5. 设计说明

设计说明的主要内容为设计思路、创意源泉等，主要形式包括灵感来源、设计构想与氛围图片等，如图 13-4 所示。设计说明的文字必须言简意赅、措辞优美，图片必须简洁清新、精美绝妙，从而将方案聆听（观看）者带入设计师所营造的氛围中。

6. 色彩分析

色彩是软装设计的核心，因而色彩分析在软装方案中必不可少。设计中须标明色彩的 RGB 或 CMYK 参数，由上至下（或由左至右）按其明度顺序进行排列，以便后期实施软装方案时能准确地使用设计师所选择的色彩。如图 13-5 所示。

图 13-4

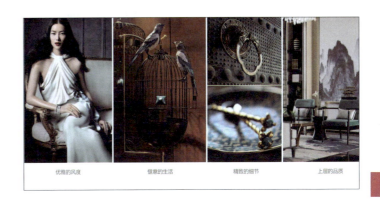

图 13-5

7. 材料分析

通过对软装方案中所用材料的分析，使用户了解主材的颜色、质感、肌理等属性。其表现形式主要为材料小样及布版设计等。如图13-6所示。

8. 硬装分析

大多数软装都是在硬装的基础上进行的，前文已经对软装与硬装的关系做了详细讲解，这里不再赘述。硬装分析包括功能分析、动线分析、风格分析及设计思路分析等。如图13-7所示。

9. 软装产品

软装产品在软装方案中不是简单的罗列，而是软装设计师设计思想的集中展现，更是软装方案实施效果最直接的保证。

软装产品往往是根据空间顺序，以空间为单位，通过PPT排版等手段，尽可能地将软装方案的最终效果以最直观的形式展现出来，如图13-8所示。

图 13-6

1	客厅
2	休闲阳台
3	餐厅
4	厨房
5	公卫
6	主卧
7	长辈房
8	小孩房
9	书吧

图 13-7

韵味

客厅融入了东西方
人文精神的无限想象和憧憬
简化了传统中式的繁琐线条装饰
让人充分感受新中式的韵味
将古典语汇以线条化
简单化、几何化的原则
转化为当今生活的一种设计手法
中国蓝沉稳意致
它深邃如天空
博爱如大海
将那优雅的光泽注于空间
饱蕴的东方美韵
配以山水形式的抱枕及地毯
自然的绿植花艺
光影感觉的边椅
便如象水一般清雅流淌
不断地述说着新中式
雅韵的诗意魅力
重给"风雅东方，诗意栖居"的
本真生活

灯具

无色彩、不设计
餐厅同样是重点区域
在对材料的选择上
我们始终秉承着
自然环保原则的同时
选材的质感、肌理、性质都精心考究
其中的是添加金属现代装饰材料
使设计更加有时尚大气的气息
选用黄色与蓝色的碰撞
具备审美价值
使得设计格调"互涉"
极具包容性、和谐性、整体性

图 13-8

任务二

掌握软装搭配项目设计方案美学秘籍

能够分析与评价软装搭配项目设计方案的美学秘籍，并正确运用到自己的方案中。

在软装方案的设计中，排版美学是软装设计师必须掌握的。软装设计本身就是一种配置工作，对同样的元素采用不同的组合方式会呈现出完全不同的美学效果。所以通过软装方案体现出来的版式美感，基本上可以判断出软装设计师的美学功底是否扎实。可见学好软装方案的排版，对提高软装设计师的摆场、设计能力有举足轻重的作用。

一、统一性原则

统一是美学的总法则，软装方案的设计也不例外，一味追求画面的丰富与变化只会使其显得杂乱无章。

在学习软装设计的过程中，往往会经历从"无知"到"加法"再到"减法"的过程。设计师开始往往找不到切入点，一旦找到便能在方法和技术上不断丰富。

1. 主题风格统一

主题风格统一，即整个软装方案的风格要与设计主题一致。设计主题是整个软装方案的核心，所有的元素都必须与主题保持高度一致，如主题表达的是江南水乡，则不要出现奔放的草原的氛围图。如图13-9所示的软装作品，其定位为休闲美式风格。包括其氛围图在内的整个方案都在营造一种休闲的感觉，如大海、器皿、水果等。没有太多造作的修饰与约束，不经意间也成就了另外一种休闲式的浪漫。

休闲美式风格最大的特点是文化和历史的包容性，以及空间设计上的纵深感，少了许多羁绊，能体现出怀旧、贵气，又不失自在与随意。

岳教授私宅
美式风格设计提案
designing scheme

目 录

【客户分析】

·成员介绍：一家三口

——男主：中年男性，大学教授，作为
专业油画老师，要有属于自己的创作室和画室

——女主：中年女士，无特别要求

——男孩：家庭里的唯一男孩子

·业主需求：

——风格：美式风格

——色调：暖色，希望装修亮且带简洁美式风

——软装：需要对客厅、餐厅、主卧、创作室进行空
间上的软装搭配

设计理念

·舒适
·自由
·创造
·个性

【风格定位】

根据客户的喜好，本设计简美风格，整个空间简单大气，
通过软装的尺寸、颜色、材质等要素，将温馨、浪漫的氛围融入典雅
大气的空间中，使室内温暖干净，富有生活气息又不失格调。

时尚 温馨 活力

【材质分析】

木材 wood　　皮质 leather　　石材 stone　　布艺 fabrics

图 13-9

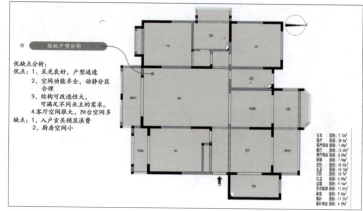

图 13-9

2. 字体统一

在一个方案作品中，字体一般不要超过 3 种，否则会显得杂乱无章。可以通过字号的大小与色彩的对比来突出重点信息，这是画面中必须有的效果。通过使用不同字号的字体可以在画面上形成"视觉流程"，即让客户先看哪个部分、后看哪个部分都是可以被设计出来的。面对如图 13-10 所示方案，观者首先的视觉焦点会落到右边的图片上，因为其体量与色彩足以吸引眼球，随后视线必然会向左边的大号字"设计理念"移动，然后是下面的"理性质感与高雅风度"文字，最后才是下面的中文小字。设计师在安排视觉流程的时候，一定要有主次顺序，切不可颠倒，否则难以达到想要的效果。

字体统一除了要注意方案中的字体不能超过 3 种以外，还要注意各种风格的方案应选择与之相符的字体。比如封面上选择繁体字，更能彰显中式风格。另外，还要注意正文尽可能使用易于识别、方便阅读的字体。部分艺术字字体效果见表 13-1。

图 13-10

表 13-1　部分艺术字字体效果

字体效果	字体名称	字体效果	字体名称
迷你简黑体	迷你简黑体	迷你简柏青	迷你简柏青
迷你简大标宋	迷你简大标宋	方正·少儿简体	方正少儿简体
叶根友唐楷简体	叶根友唐楷简体	方正细珊瑚简体	方正细珊瑚简体
迷你简古隶	迷你简古隶	康熙字典体	康熙字典体
迷你简剪纸	迷你简剪纸	方正藏简体	方正藏简体
迷你简北魏楷书	迷你简北魏楷书	迷你繁篆书	迷你繁篆书

图 13-11

3. 色彩统一

软装方案的创意主题一旦确定，就需要选择符合该主题的色彩，而且不论是图片还是辅助字体的颜色都将以这个主色为核心，从封面开始就要注意对色彩的把控。注意整个方案中不要超过 3 种色彩，否则画面容易显得杂乱无章。

如图 13-11 所示为软装搭配设计色彩分析页面。方案的主题为《地中海》，故将蓝色作为整个方案的引导色彩。最初色彩分析页面中的右下角选图为黑灰色，后将该选图改成偏蓝色的意向图。两相比较，不难看出色彩统一在整个方案中的重要性。

4. 对齐

（1）页面对齐，如图 13-12 所示。

同一方案的两次方案部分文件对比

第一次方案

第二次方案

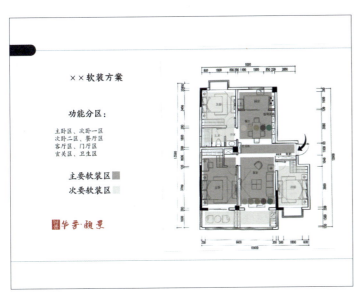

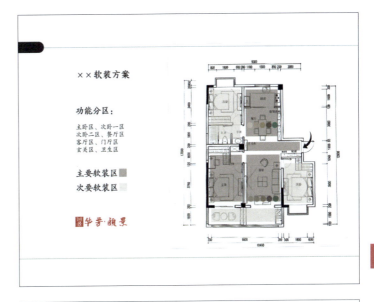

图 13-12

（2）图片内在因素对齐

　　图片对齐不仅需要考虑到图片的外在因素（图片的大小或边缘），还要考虑到图片的内在因素，如地平面、海平面、屋顶、人物等。如图 13-13 ~ 图 13-16 所示的 4 组图片，考虑到图片内在因素对齐与仅考虑图片边缘对齐给人带来的视觉效果是完全不同的。图片内在因素对齐更符合自然的常规现象，会使方案看起来更和谐，画面更美丽。

图 13-13 没有考虑地平线对齐

图 13-14 考虑到地平线对齐

家具设计与软装搭配

图 13-15 没有考虑人物对齐

图 13-16 考虑人物对齐

（3）对齐方式

采用不同的对齐方式会带来截然不同的艺术效果。软装方案所传递的信息不同，采用的对齐方式也会有所不同。

①两边对齐式

如图 13-17 所示案例中，整个画面有两条边是对齐的，另外两条边则没有对齐，这样的画面在整齐中透着灵动，在严谨中带着活泼。画面的左边界与下边界两边对齐，上边界与右边界根据文字内容呈自由状态，加上标题"现代轻奢风格"6 个字在左对齐的统一中向右做小距离移动，这种感觉很符合休闲风格。

②四周对齐式

画面图文四周皆对齐，这样的画面整齐、稳重。但这种对齐方式要避免将所有的图片等大排列。如图 13-18 所示案例用大小不同的图片进行排列，且保持边界对齐，这样的排列方式可以避免画面显得呆板。

STYLE POSITIONING
风格定位：

现代轻奢风格

本案为现代轻奢风格，是与现代流行的简约生活方式相结合而形成的一种软装设计风格。会享受生活乐趣的现代都市人，更懂得艺术在生活中的地位，因此现代软装有着古典和现代两张迷人面孔，把艺术与功能结合得十分紧密。

现代简约中透出一种雅致和高贵，让人觉得别有风范。先天就带着创意与设计，永远走在时尚前沿，家装设计亦是如此。就轻奢风格而言，从上世纪60年代就开始发展，直至今天，该风格仍然活跃于大众视线中，并且持续受到大家的喜爱。

图 13-17

图 13-18

③单边对齐式

单边对齐即只有一边对齐，其他几边则根据元素自由排列，这种对齐方式排列的画面显得比较洒脱、自然。如图13-19所示为客厅的软装方案，采用单边对齐使画面更加生动，契合客厅的设计主题。

图 13-19

④轴线对齐式

轴线对齐式是指以垂直或水平线为对齐轴线，将左、右或上、下元素分别对齐。这种对齐形式有点像圣诞树，轴线为树干，左、右元素为圣诞树上的神秘礼物盒，画面让人倍感浪漫，如图13-20所示。

图 13-20

二、中心突出原则

　　设计软装方案时要将重点的图片文件放在主要位置。如图13-21所示，方案页面中最容易引起观者注意的是九宫格水平和垂直的两条线相交的位置。主要的文字处于画面中心，即九宫格最中间的方块内或边界处。

　　如果最需要突出的部分在大小、色彩等方面与页面中其他部分有明显的区别，也会使其得到视觉强化，成为画面的焦点，如图13-22所示。

图 13-21

图 13-22

三、简洁原则

学会选图也是设计师的基本功之一，因为只有经典的图片才能更好地营造氛围。在软装方案前期的创意灵感溯源阶段，设计师往往会收集大量的意向图，但使用过程中要学会取舍，不能把所有的图片都堆砌在方案中，如图13-23所示。

四、关系正确原则

软装方案主要由图片和文字组成，因此要注意方案文件中人与物的关系和图片与文字的关系等。

图 13-23

1. 人与物的关系

当人物图片与物件图片呈上、下关系时，一般应将物件图片置于人物图片下面。如果将物件图片置于人物图片上面，就会给人一种人物头顶盘子的感觉，如图13-24所示。

图 13-24

2. 图与文的关系

当人物图片与文字同时出现在画面中时，需要将文字置于人物面对的方向（眼睛注视或张开手臂拥抱的方向）。如图 13-25 右图所示将文字置于人物面对的方向，人物与文字的关系显得自然而和谐。

3. 人与人的关系

当方案中有两张人物图片且都是横向排列时，要注意将两个人物相向放置。将人物背向放置时，画面会给人一种"分离"的感觉。当左右图片交换，人物的视线相对时，整个画面瞬间变得温馨而和谐，如图 13-26 所示。

拥抱自然

拥抱自然

图 13-25

图 13-26